天津市规模化畜禽养殖场粪污治理工程案例

天津市畜牧兽医局　组织编写

知识产权出版社
全国百佳图书出版单位

图书在版编目（CIP）数据

天津市规模化畜禽养殖场粪污治理工程案例/天津市畜牧兽医局组织编写. —北京：知识产权出版社，2017.9

ISBN 978-7-5130-5155-2

Ⅰ.①天… Ⅱ.①天… Ⅲ.①畜禽—粪便处理—案例—天津 Ⅳ.①X713

中国版本图书馆 CIP 数据核字（2017）第 231818 号

内容提要

本书总结了天津市当前生产中应用较广、运转可行、推广应用价值较高的粪污资源化利用和无害化处理技术，为广大规范养殖场提供实用技术指南。

责任编辑：崔　玲　　　　　　　　　责任校对：谷　洋

封面设计：品　序　　　　　　　　　责任出版：刘译文

天津市规模化畜禽养殖场粪污治理工程案例

天津市畜牧兽医局　组织编写

出版发行：知识产权出版社有限责任公司		网　　址：http://www.ipph.cn	
社　　址：北京市海淀区气象路 50 号院		邮　　编：100081	
责编电话：010-82000860 转 8121		责编邮箱：cuiling@cnipr.com	
发行电话：010-82000860 转 8101/8102		发行传真：010-82000893/82005070/82000270	
印　　刷：天津市银博印刷集团有限公司		经　　销：各大网上书店、新华书店及相关专业书店	
开　　本：889mm×1194mm　1/16		印　　张：11.25	
版　　次：2017 年 9 月第 1 版		印　　次：2017 年 9 月第 1 次印刷	
字　　数：210 千字		定　　价：200.00 元	
ISBN 978-7-5130-5155-2			

前　言

　　总结天津市当前生产中应用较广、运转可行、推广应用价值较高的粪污资源化利用和无害化处理技术，并集结成册，为全国各地畜牧技术推广人员提供技术指导手册，为广大规模养殖场提供实用技术应用指南。本书从不同畜种粪污形成的基本特点和处理的基本原则入手，根据粪污形成特点，把规模养殖场分为猪、牛、禽三大类型，分别对其粪污处理的主推技术进行系统集成，按照技术名称、技术特点、技术内容和应用实例的结构层次，进行表述，其中穿插了大量的实际应用的图片，便于读者理解和掌握。

编 委 会

目　录

第一章

规模化畜禽养殖场粪污治理工程

党的十八大明确提出了建设中国特色社会主义事业"五位一体"的总体布局，强调将生态文明建设放在突出地位，融入经济建设、政治建设、文化建设、社会建设的各方面和全过程，努力建设美丽中国，实现中华民族永续发展，这是实现中华民族伟大复兴的中国梦的重要内容。实现中国梦，提高人民群众的幸福指数，是全国人民共同的奋斗目标。随着"绿色发展"理念的广泛传播，人民群众对干净的水、清新的空气、安全的食品、优美的环境等方面的需求越来越迫切，人民群众既要温饱更要环保，既要小康更要健康。换言之，生态环境质量已成为衡量人民幸福指数的必要内容。

第一节　"美丽天津·一号工程"的由来

2013年5月14日至15日，习近平总书记来天津考察并发表重要讲话，要求天津着力提高发展质量和效益、着力保障和改善民生、着力加强和改善党的领导，加快打造美丽天津。特别强调要重视生态文明建设，加快打造美丽天津，这是总书记对天津发展成绩的肯定、对天津的信任，更是对天津寄予的厚望。总书记的重要指示，高屋建瓴，思想深刻，拉开了"美丽天津·一号工程"的序幕。

"美丽天津·一号工程"讨论与决议

2013年8月1日至2日天津市市委召开的十届三次全会，把建设美丽天津确定为会议主题，审议通过了《加快建设美丽天津的决定》，提出了美丽天津建设的奋斗目标、基本思路和主要任务。

2013 年 9 月 27 日天津市召开市政府第 16 次常务会议，研究"美丽天津·一号工程"实施方案。为深入贯彻落实市委十届三次全会精神，进一步推进美丽天津建设，加快实施一批重点工程，明显改善全市生态环境和人民群众生产生活条件，天津市决定实施"美丽天津·一号工程"，即"四清一绿"，主要包括清新空气行动、清水河道行动、清洁村庄行动、清洁社区行动和绿化美化行动。会议审议并原则通过"美丽天津·一号工程"指挥部筹建方案、清新空气行动方案、清水河道行动方案、清洁村庄行动方案、绿化行动方案和重污染天气应急预案等。通过实施清新空气行动，实现全市重污染天气较大幅度减少，优良天数逐年提高；通过实施清水河道行动，显著提升水生态环境质量；通过实施清洁村庄行动，达到村庄道路硬化、卫生净化、村庄绿化、环境美化、整体靓丽化的目标；通过实施清洁社区行动，推动形成综合有效治理、基础设施健全、环境整洁优美、秩序井然有序的社区环境；通过实施绿化美化行动，重点实现"一环两河七园"的大规模绿化。

第二节 "美丽天津·一号工程"内容及要求

加快建设美丽天津，切实改善生态环境，既是重大的生态问题，也是重大的政治任务和民生工程，各级政府和政府各部门要充分认识这项工作的重要性、艰巨性和紧迫性，统一思想认识，切实加大落实力度，通过高水平实施"四清一绿"行动，让"美丽天津·一号工程"真正成为民心工程、放心工程、精品工程和美丽工程，坚决不能以牺牲环境为代价换取"有毒的GDP"。

一、"美丽天津·一号工程"具体内容

（1）从污染物控制、产业结构调整、优化能源结构、重污染天气应对等方面统筹考虑，综合施策，确保全市空气质量取得明显好转。

（2）坚持治污、修河、调水、开源多措并举，实现河道水体"清起来、活起来"，构筑与美丽天津要求相适应的水环境体系。

（3）扎实做好垃圾、污水治理和村庄绿化等工作，有计划、有步骤地开展清洁村庄行动，建设卫生、整洁、优美、宜居的美丽家园。

（4）按照成片旧楼区综合改造、社区居委会、社区物业管理三个"全覆盖"的要求，解决小区脏乱、私搭乱盖等问题。

（5）加大造林绿化力度，积极实施外环线绿化带建设，独流减河、永定新河绿化治理和郊野公园建设等重点工程，形成大绿大美的城市景观，为人民群众创造更加生态宜居的良好环境。

为了保证"美丽天津·一号工程"顺利实施，尽快让广大群众看到实实在在的效果，市委、市政府作了精心部署和周密安排。

二、"美丽天津·一号工程"要求

1. 加大组织推动力度

天津市市委、市政府成立了"美丽天津·一号工程"领导小组，市政府成立了指挥部，下设"四清一绿"五个分指挥部。各分指挥部和小组都要集中办公，排出时间表和路线图，确保进度、质量和效果。

2. "一号工程"一把手负责

各区、各部门、各单位的党政一把手都递交了责任书、"军令状"，把"美丽天津·一号工程"摆在突出位置，列为重要议事日程，盯紧靠上，亲力亲为，下定决心，排除干扰，像组织战役一样，一个一个地攻克各项难题。

3. 任务层层分解落实到人

"美丽天津·一号工程"是环境治理的系统工程，涉及各区和多个部门，时间紧、投入大、任务重、工程艰巨。各区、各部门都要制定实打实、硬碰硬的措施，细化分解各项任务，层层压实，做到每个指标有人扛，每项任务有人抓，每项工作有人查。

4. 健全评价督查体系

把资源消耗、环境损害、生态效益纳入经济社会发展评价体系，对不顾生态环境盲目决策造成严重后果的，严肃追究责任，实行重大生态责任事故一票否决，直至摘掉"乌纱帽"，形成重要导向和有力约束。严格实行督查考核以及问责制，对工作不落实、完不成任务的部门和区，严肃追究党政一把手责任。

5. 全民行动共建共享

引导市民自觉养成环保行为习惯，从不乱扔垃圾、不践踏绿地等身边小事做起，倡导文明、健康、低碳、绿色的消费方式和生活习惯。动员社会力量监督环保，公布环保热线电话 12369 和举报投诉方式，定期收集社会监督反馈意见，形成全民参与环境保护的社会行动体系。加强舆论宣传，深入开展"共建美丽天津，共享美好生活"群众性创建活动，提升公众的生态意识、环保意识、节约意识，营造保护环境的良好社会氛围。

第三节 "清水河道"行动方案明细

为认真贯彻落实"美丽天津·一号工程"，天津市水务局出台了《天津市清水河道行动方案》，制定标准，科学治理。以治理水污染、保护水生态为目标，努力把全市河道改造成为绿色、生态、环保、人与自然和谐相处的典范，为把全市建设成为经济与社会协调可持续发展的美丽家园打下基础。

一、治理原则

（1）坚持控源截污在先的原则，治理各类污染源、控制入河排污总量。

（2）坚持保护优先、自然修复为主的原则，在尽力维护河湖生态系统自然属性的前提下，推进骨干河道和重点湿地水生态修复。

（3）坚持统筹兼顾的原则，协调好整体和重点、当前和长远、需要和可能的关系，实现城市与农村协调发展。

（4）坚持建管并重的原则，全面实施最严格水资源管理制度，推行"河长制"管理，长期发挥清水河道治理的效益。

二、总体思路

针对天津市水环境方面存在的突出问题，优先实施污染源头治理。在控源截污的基础上，通过河道整治、堤岸绿化、水系联通，补充河道生态水量，改善水体循环与交换，使全市水生态环境得到根本改观，把天津建设成水清岸绿、环境宜人的生态城市。

三、治理目标

坚持控源、截污在先，治污、修河、调水、开源多措并举，实现全市河道水体"清起来、活起来"的治理目标，构筑与美丽天津相适应的水环境体系。

全面治理工业污染源、贮存工业废水的渗坑和规模化畜禽养殖场，封堵、切改所有入河排污口门；中心城区、滨海新区、11 座新城、48 个区县示范小城镇及 31 个示范工业园区实现污水处理设施全覆盖，全市城镇污水集中处理率达到 95%；基本完成区县建成区合流制地区改造，完成中心城区部分合流制地区改造；基本完成全市一级、二级河道综合治理，增加生态环境用水，实现中心城区、环城四区水系联通循环。力争到 2016 年，全市一级、二级河道 V 类以上水体达到 50% 以上，显著提升水生态环境质量。

四、主要任务

1. 工业企业污染源治理工程

（1）排放工业废水的直排企业治理。按照"谁污染，谁治理"的原则，通过"关停一批、迁入一批、治理一批"等举措，解决 1 143 家工业废水直排等企业污染问题。

（2）渗坑（塘）治理。按照保证区域环境安全、防范二次污染的要求，消除 92 个存贮工业废水的渗坑（塘），实现"规范处置、安全填垫、生态恢复"。

2. 规模化养殖场治理工程

坚持畜禽养殖粪污严禁外排、生产过程减量化、资源化利用的原则，采取种养一体、生态养殖、循环利用、沼气工程、污水纳管、达标排放等模式治理 718 家规模化养殖场，实现粪污减量化和循环利用，达到种养平衡。

3. 入河排污口门治理工程

全市一级、二级河道共有排污口门 995 个，针对污水口门类别、污染原因及周边污水管网条件等因素，结合口门的地理位置和周边城镇建设规划，分别采取封堵、截污切改、强化监管等措施进行治理。

4. 污水处理厂网建设工程

按照"控源治污、引流入厂"的原则，采取集中与分散相结合的方式，新建、扩建 64 座污水处理厂，新增污水处理能力 51.7 万吨/日，建设配套管网 1 174 公里，进一步提高城镇污水处理能力。

5. 合流制地区改造工程

结合城市片区改造和基础设施建设，按照排水系统划分，遵循干管、支管同步实施，整体发挥效益的原则，分步改造合流制地区，实施雨污分流、截流和雨污混接治理工程。

6. 河道治理工程

（1）河流生态廊道建设工程。结合天津市"三区四廊五带"的生态布局规划，重点建设独流减河、潮白新河、蓟运河、青龙湾减河、南运河等河流生态带。在河道防洪治理的基础上，补充环境水源，植树绿化，重点提升主要河道沿岸的生态景观效果。

（2）骨干排水河道治理工程。以恢复提高河道排水能力、改善水质为主要目标，采取接管截污、河道清淤、生态护岸、水体置换等工程措施，治理二级河道 41 条、治理范围 587.6 公里。

（3）水系联通及生态水源工程。按照《天津水系联通规划》，建设海河与独流减河南北水系的沟通工程，实现中心城区河道水体的流动、净化与交换，改善中心城区的水环境质量。

五、保障措施

（1）明确任务分工，逐级落实责任。各区人民政府作为所辖行政区水环境治理与保护的责任主体，按照行动方案的工作目标、任务和完成时限制订本区的具体工作方案，细化责任分工，将各项任务层层分解到具体部门和责任人。市各有关部门切实履行职责，加强组织推动，并做到分工协作，密切配合，形成整体工作合力。

（2）健全组织机构，加强推动考核。成立市清水河道行动专项分指挥部，分管市领导任指挥，市有关部门负责同志为成员，抽调专人进驻分指挥部集中办公，负责进度统计、情况通报、经验总结和问题分析等日常工作。建立工作常态巡查制度，以行政断面水质目标浓度和重点水污染物排放总量为重点，研究制定考核办法，定期考核通报。

（3）出台相关法规，强化监督管理。进一步完善水资源保护、水污染防治等方面的法规制度，抓紧出台《水资源综合利用条例》《水污染防治条例》和《入河排污口管理办法》。继续探索和深化"河长制"管理模式，为清水工程长久发挥效益提供保障。落实"两高"司法解释，持续开展打击环境违法犯罪行为专项行动，发现一起、查处一起。

（4）促进公众参与，开展舆论监督。利用报纸、电视、广播和网络等新闻媒介，发挥舆论监督和导向作用，增强市民环保意识和企业社会责任感，形成全社会保护水环境的好风尚。

第四节　规模化畜禽养殖场粪污治理工程实施情况

按照天津市市委、市政府"美丽天津·一号工程"建设的总体要求，为推进"四清一绿"清水河道行动中规模化畜禽养殖场粪污治理工程顺利实施，杜绝向公共水域排放畜禽养殖污染物，天津市从2013年开始对全市规模化畜禽养殖场进行粪污治理。

一、治理目标

以生态农业循环经济为目标，以养殖场粪污为资源，全方位、多层次、多功能、快速率地开发粪水资源，干粪通过自然发酵实施无害化处理或生产有机肥，污水通过管道收集厌氧发酵后综合利用，污水、粪尿处理的设计标准符合国家《畜禽养殖业污染物排放标准》（GB18596—2001）和农业行业标准《畜禽场环境质量标准》（NY/T388—1999），彻底扼制排放污染源，实现资源合理开发利用、生态环境保护和改变经济增长方式的战略目标，促进天津市畜牧业走向产业化，实现经济效益、社会效益和生态效益的高度和谐与统一。

二、治理成效

"美丽天津·一号工程"清水河道行动中规模化畜禽养殖场粪污治理工程分两个阶段进行，第一阶段，即2013—2015年，实施规模化畜禽养殖场粪污治理工程718项；第二阶段，即在已实施718项粪污治理工程的基础上，2016年继续实施规模化畜禽养殖场粪污治理工程297项。截至2016年年底，全市共治理完成规模化畜禽养殖场粪污治理工程1 015项，工程累计建成粪便贮存设施243 109 m²，各类污水贮存设施910 837 m³，各级污水收集管网430 933 m，购置粪污处理设备5 913台（套）。经过四年的治理，初步探索了适宜本地区的养殖场粪污处理模式，全市养殖场环境面貌持续改善，养殖者环保意识不断增强，规模养殖场污染物减排成效明显。

第二章

专业词语释义

第一节 治理模式

一、种养一体处理模式

以干清粪工艺为前提，畜禽粪便收集后经过高温堆肥无害化处理农业利用，养殖污水经稳定处理后成为肥水农业利用（图2-1）。

该种模式弱化粪污处理的具体工艺，强调畜禽粪污的无害化农业利用，发挥畜禽粪污的资源化特征，因此需要与粪污处理规模相适应的配套土地面积。

主要设施设备包括：雨污分离设施；污水贮存或处理设施；粪便发酵及堆放场所、固液分离设施；干粪运输车辆、有机肥生产设施；污水还田设施、车辆。

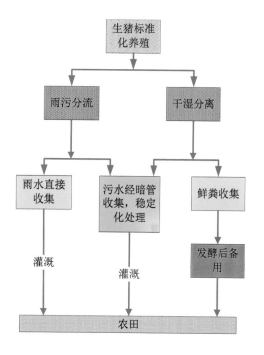

图 2-1　种养一体模式示意图

二、沼气工程模式

畜禽粪便经过厌氧发酵处理后制成沼气代替能源使用，发酵后的沼渣、沼液农业利用（图2-2）。

沼气工程模式突出能源供应的特征，气源充足、稳定，能够保证场区日常用能需要，甚至有多余能源可并网发电，最后还要有充足的可消纳沼渣、沼液农田的生猪、奶牛、肉牛、蛋鸡、肉鸡规模养殖场。

主要设施设备包括：雨污分流设施、固液分离设施、沼气工程系统、沼渣沼液贮存池及还田设施、车辆。

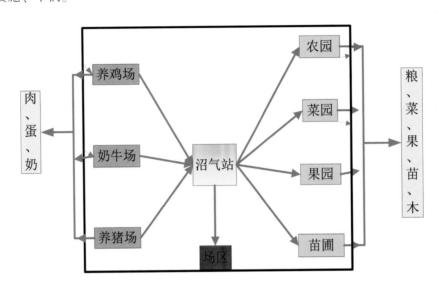

图 2-2　沼气工程模式示意图

三、循环利用模式

循环利用模式适用于建有自由卧床的奶牛养殖场。畜禽粪便经过无害化处理高温堆积发酵后制成农家肥或回填牛床，养殖污水经过处理后回水冲洗牛舍或贮存池，整个场区内实现粪污的资源化、无害化循环利用。

主要设施设备包括：粪污收集设施、粪污贮存池、粪污搅拌设备、粪污提升泵、固液分离设备、干粪晾晒贮存场、污水处理池。

四、污水纳管模式

有条件的规模化畜禽养殖场将废水经适当处理后，排放到污水处理厂管网。由污水处理厂统一处理，实现达标排放（图 2-3）。

主要设施设备包括：污水处理设施及污水提升并网设施。

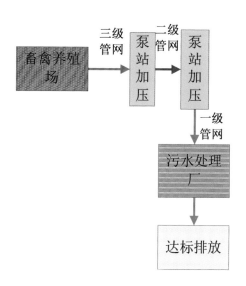

图 2-3 污水纳管模式示意图

五、有机肥模式

该模式适用于周边没有可消纳农田的大型规模化养殖场（图2-4）。

技术路线：

固体粪便经过机械高温堆肥无害化处理后制成有机肥。

主要设施设备包括：雨污分流设施、污水处理设施、在线监测设备、固液分离设施、干粪运输车辆、有机肥生产设施、防雨防渗原料贮存设施等。

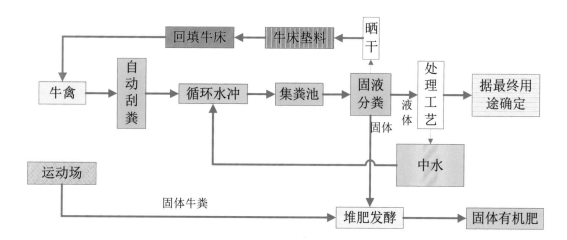

图 2-4 有机肥模式示意图

第二节　废水治理工艺

一、污水处理过程基本工艺单元

1. 管道收集系统

养殖场应实行雨水和污水收集输送系统分离，污水收集输送系统应布设暗管或暗沟并具有防渗漏功能，不得采用明沟，不得污染地下水。

2. 固液分离设施

采取必要的固液分离设施如固液分离机、格栅等，进行前端筛分污水中大颗粒杂质，防止其堵塞管道、影响设施设备的运行。

3. 主体处理工艺单元

污水处理工艺流程中包含的贮存池、厌氧池、好氧池、深度处理系统、中水池等都必须具备防渗防漏功能，采用混凝土结构，容积设计满足工艺条件要求。

4. 贮存池

贮存池必须具备防渗防漏功能，采用混凝土结构，容积设计应满足存储周期要求。

二、污水处理技术浅析

根据养殖废水处理过程对氧的需求，可以将废水处理工艺分为厌氧生物处理技术、好氧生物处理技术。两种工艺之间，根据废水特征还可以科学有机地组合，从而满足不同处理深度的要求，实现废水资源化、无害化处理的目的。

1. 厌氧生物处理技术

厌氧生物处理技术主要利用厌氧生物的代谢过程，在没有提供氧气的情况下，将有机物转化为无机物和少量的细胞物质，这些无机物质包括大量的生物气（沼气）和水。在对畜禽养殖废水进行厌氧处理时，由于不需要氧气的参与，因而不受生物传氧能力的限制。厌氧处理技术能够较好地降解好氧生物无法降解的有机物，具有较高的处理有机物负荷的潜力，尤其是 COD 的去除率高达 85%—90%，并且可以消灭废水中的传染性病菌，因而对高浓度的有机废水和污泥具有很好的处理效果，在畜禽养殖废水处理中得到了广泛应用。此外，厌氧处理技术还能够产生附属能源产物——沼气，将其合理利用能够获取一定的经济效益。

厌氧处理方法使用的主要处理设备是厌氧反应器。目前，国内外针对厌氧发酵装置进行了大量研究，开发了多种高效的厌氧发酵设备。下文结合手册中涉及的主要工艺类型进行具体介绍。

（1）上流式厌氧污泥床反应器（UASB）。上流式厌氧污泥床反应器是一种高效生物处理装置，具有容积负荷高、出水水质好、剩余污泥产量低、运行控制简单、设备维修方便的显著特点。当污水自下而上通过 UASB 反应器，大部分有机物在反应器底部的高浓度、高活性的污泥床上经过厌氧发酵，被降解为甲烷和二氧化碳。反应器内分为 3 个区，从下至上为污泥床、污泥层和气液固三相分离器，在反应器底部装有厌氧污泥，污水从反应器底部进入，在穿过污泥层时进行有机物与微生物的接触。产生的甲烷和 CO_2 气体附着在污泥颗粒上，使其悬浮于污水中，形成下密上疏的悬浮污泥层。气泡聚集变大脱离污泥颗粒而上升，能起一定的搅拌作用。分离后的液体，从沉淀区上表面进入溢流槽而流出（图 2-5）。

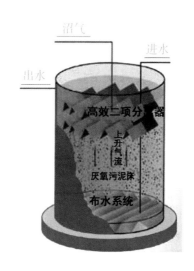

图 2-5　上流式厌氧污泥床反应器示意图

（2）全混合厌氧反应器（CSTR）。全混合厌氧反应器又称连续搅拌反应器系统，是一种使发酵原料和微生物处于完全混合状态的厌氧处理技术。在一个密闭罐体内安装搅拌装置，采用恒温连续投料或半连续投料方式，当原料进入消化器内后，在搅拌作用下很快与发酵器内的全部发酵液菌种完全混合，并使发酵底物的浓度始终保持相对较低状态，从而完成了料液的发酵、沼气产生的过程。由于消化器内物料分布均匀，避免了分层状态，增加了物料和微生物接触的机会，可以用来处理高悬浮固体含量的原料。当前，这种工艺广泛应用于屠宰废水，牛、猪、鸡等养殖场中畜禽粪水的处理和沼气生产、发电工程（图 2-6）。

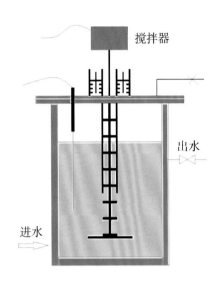

图 2-6　全混合厌氧反应器示意图

（3）升流式固体厌氧反应器（USR）。升流式固体厌氧反应器是一种结构简单、适用于高悬浮固体有机物原料的反应器。当原料从底部进入消化器内，与消化器里的活性污泥接触，使原料得到快速消化，其中未消化的有机物固体颗粒和沼气发酵微生物靠自然沉降滞留于消化器内，上清液从消化器上部溢出，这样可以得到比水力滞留期高得多的固体滞留期（SRT）和微生物滞留期（MRT），从而提高了固体有机物的分解率和消化器的效率（图 2-7）。此外，经过 USR 处理后产生的沼液属于高浓度有机废水，具有有机物浓度高、可生化性好、易降解的特点，但由于不能达到排放标准，除用于花卉蔬菜等的肥料外，需将剩余沼液回流至集水池，经过好氧处理后才能达标回用或排放。在当前畜禽养殖行业粪污资源化利用方面，有较多的应用，许多大中型沼气工程均采用该工艺。

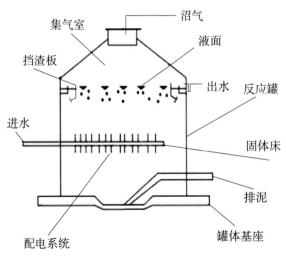

图 2-7　升流式固体厌氧反应器示意图

（4）推流式反应器（PFR）。推流式反应器是指高浓度悬浮固体发酵原料从一端进入，从另一端排出的反应器（图2-8）。这种处理工艺池形结构，不需要搅拌，能耗低，适用于处理 SS 含量比较高的废水，因而在畜禽养殖场应用中取得了较高的经济效益。同时，这种反应器运行方便，稳定性能比较高。但也存在着一些缺陷，如固体物容易沉淀于池底，影响反应器的有效体积，降低了反应效率；反应器的面积与体积比较大，使得其内部难以保持一致的温度。

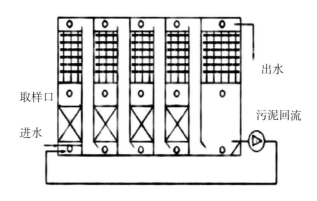

图 2-8　推流式反应器示意图

2. 好氧生物处理技术

好氧生物处理技术的基本原理是在好氧条件下，利用好氧微生物的代谢活动来分解废水中的有机物质，这个过程需要不断向废水中补充大量的空气或氧气，以维持好氧微生物代谢过程所需要的溶氧浓度，其中可降解的有机物最终完全氧化为水和二氧化碳等无机物，同时部分有机物被同化为新的微生物细胞。当前，好氧生物处理法在废水生物处理中应用非常广泛，按照反应机理的不同，可以将好氧生物处理法分为活性污泥法和生物膜法。

（1）活性污泥法是一种以活性污泥为主体的废水生物处理方法，通过将废水与活性污泥的混合液混合搅拌并连续通入空气，利用活性污泥的生物凝聚、吸附和氧化作用，以分解去除污水中的有机污染物（图2-9）。从活性污泥法的本质上讲，其本身就是一种处理单元，国内外研究人员对其生物反应、净化机理、运行管理等进行了深入的探讨，并在此基础上发展了许多行之有效的运行方式和工艺流程，其中序批式活性污泥法（SBR）是当前应用比较广泛的活性污泥法。总的来说，活性污泥法基本流程都是一样的，具体如图2-9所示。

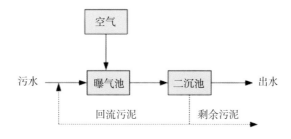

图 2-9　活性污泥法示意图

（2）生物膜法是利用附着生长于某些固体物表面的微生物（即生物膜）进行有机污水处理的方法。其工作原理如下：当废水流过生长在固定支撑物表面的生物膜时，水层中的有机物被吸附附着在表面，利用生物的氧化作用和各相间的物质交换，达到降解废水中有机污染物的目的，起到净化污水作用。目前，生物膜法有 MBBR、生物转盘、好氧接触氧化等多种形式。

流化床生物膜反应器工艺（即 MBBR 法），兼具传统流化床和生物接触氧化法两者的优点，是一种新型高效的污水处理方法，依靠曝气池内的曝气和水流的提升作用使载体处于流化状态，进而形成悬浮生长的活性污泥和附着生长的生物膜，这就使得移动床生物膜使用了整个反应器空间，充分发挥附着相和悬浮相生物两者的优越性，使之扬长避短，相互补充（图 2-10）。与以往的填料不同的是，悬浮填料能与污水频繁多次接触，因而被称为"移动的生物膜"。MBBR 反应器既具有传统生物膜法耐冲击负荷、泥龄长、剩余污泥少、无污泥膨胀现象发生的特点，又具有活性污泥法的高效性和运转灵活性。另外，温度变化对 MBBR 工艺的影响要远远小于对活性污泥法的影响，当温度变化、污水成分发生变化，或污水毒性增加时，MBBR 耐受力很强。

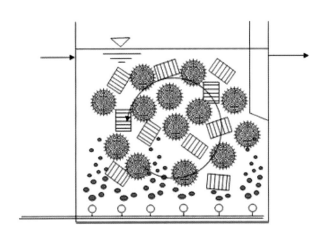

图 2-10　MBBR 法示意图

生物转盘工艺是污水灌溉和土地处理的人工强化，这种处理法首先使细菌和菌类的微生物、原生动物一类的微型动物在生物转盘填料载体上生长繁育，形成膜状生物性污泥——生物膜。污水经沉淀池初级处理后与生物膜接触，生物膜上的微生物摄取污水中的有机污染物作为营养，使污水得到净化（图 2-11）。同生物滤池相比，生物转盘法中废水和生物膜的接触时间比较长，接触均匀，而且有一定的可控性，处理程度也比较高，对 BOD 的去除率一般可达 90% 以上。此外，生物转盘的操作管理简便，无污泥膨胀现象发生，运转费用低。

图 2-11　生物转盘示意图

好氧接触氧化工艺，具备淹没式生物滤池特征，其工作原理是在池内充填填料，已经充氧的污水浸没全部填料，并以一定的流速流经填料，在填料上布满生物膜，污水与生物膜广泛接触，在生物膜上微生物新陈代谢功能的作用下，污水中有机物得到去除，污水得到净化，所以好氧接触氧化工艺是介于普通活性污泥法与生物滤池两者之间的生物处理技术（图 2-12）。

图 2-12　好氧接触氧化示意图

膜生物反应器（MBR）工艺，是一种将膜分离技术与传统污水生物处理工艺有机结合的高效污水处理与回用工艺（图 2-13），近年来在国际水处理技术领域日益受到广泛关注。膜分离设备放置在反应器中，将活性污泥和大分子有机物质截留。因此，反应器内活性污泥浓度有较大提高。此外，与传统活性污泥法比较，省掉了二沉池，缩短了水力留停时间，提高了处理效率，节省了污泥回流工序，降低了基建投资及运行费用。

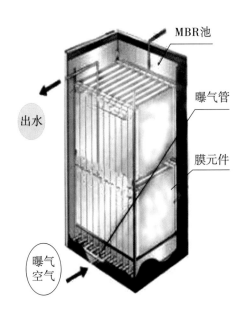

图 2-13　膜生物反应器示意图

3. 基本工艺形式

厌氧—好氧组合工艺形式。单一的厌氧或好氧生物处理技术无法实现畜禽养殖废水的达标排放，因此结合它们各自的优势，大多数畜禽养殖场采取厌氧—好氧组合工艺（图2-14）。厌氧—好氧组合工艺既克服了单一好氧处理工艺耗能及占地面积大的缺点，又克服了单一厌氧处理技术处理效率不高的缺陷，在规模化畜禽养殖场废水处理中得到了广泛的应用。

厌氧—好氧组合工艺对 COD、氨氮都有较高的去除率，出水能达到排放标准，因而受到了广泛关注。但是由于其一次性投资费用较大、能耗、运行及维护管理费用较高，因而适用于经济发达、集约化程度较高的规模化养殖场。

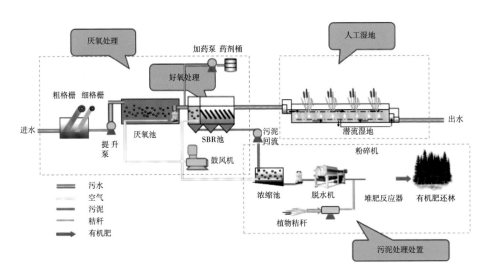

图 2-14　厌氧—好氧组合示意图

4. 畜禽养殖废水自然处理工艺

由于畜禽养殖废水是比较难处理的有机废水，单纯靠物理、化学、生物处理方式很难达到排放标准。根据《畜禽养殖业污染治理工程技术规范》，畜禽养殖废水处理一般经过预处理—厌氧生物处理—好氧生物处理—自然处理四个过程。自然处理通常作为厌氧—好氧两级生物处理后出水的后续处理单元，包括人工湿地、稳定塘和其他土地处理技术等形式。

（1）人工湿地系统（CW）。人工湿地是由人工建造和控制运行的与沼泽地类似的地面，主要由人工基质（填料）和水生植物组成，工艺机理即利用系统中"基质+水生植物+微生物"的物理、化学、生物的三重协同作用，通过基质过滤、吸附、沉淀、离子交换、植物吸收和微生物分解来实现对污水的高效净化（图2-15）。按照污水在湿地床中的流动方式，可以将人工湿地分为表流人工湿地（SFW）和潜流人工湿地（SSFW），其中潜流人工湿地又包含水平潜流人工湿地和垂直潜流人工湿地两种。人工湿地系统的建设费用低、运行成本低、维护相对简单、处理效果好，但占地面积大、出水水质差、运行稳定性不好、周围环境恶劣，常作为污水处理主体工艺的深度单元。

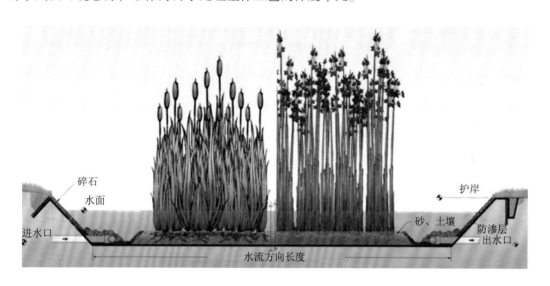

图2-15　人工湿地系统示意图

（2）稳定塘。稳定塘处理系统的污水净化过程类似于天然水体的自净过程，在太阳能的推动下，塘中的微生物与水生植物及多种生物形成人工生态系统，进行物质迁移、转化与能量的逐级传递、转化，将进入塘中污水的有机污染物进行降解和转化，最后不仅去除了污染物，而且以水生植物和水产、水禽的形式作为资源回收，净化的污水也可作为再生资源予以回收再用，使污水处理与利用结合起来，实现污水处理资源化（图2-16）。根据稳定塘内溶解氧的来源和塘内有机污染物的降解形式，稳定塘可分为好氧塘、兼性塘、厌氧塘和曝气塘、水生植物塘。从严格意义上讲，稳定塘内同时进行着好氧反应和厌氧反应，都属于兼氧塘。

稳定塘作为一种简单、有效而经济的废水处理方法，具有基建投资省、年运行费用低、管理维护方便、运行稳定可靠等诸多优点，不足之处就是占地面积大，污水处理效果受季节、气温、光照等自然因素影响较大且处理效果不够稳定。目前，在畜禽养殖废水处理中常作为强化出水水质的措施，能够有效地去除氮、磷等有机物和营养物。目前，在天津市畜禽养殖业中常采用多级净化塘来处理养殖废水，取得了很好的效果。

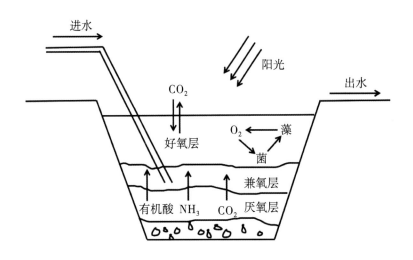

图 2-16　稳定塘示意图

（3）养殖废水使用建议。根据天津市及周边地区的养殖废水农田灌溉实验结果，同时结合国内外（国内以江苏为主、国外以欧洲和美国为主）现行的养殖废水灌溉指导政策，本书提供了天津地区不同土地种植类型养殖废水施用的建议用量及使用方式（表 2-1），以供参考。

表 2-1　天津地区不同土地种植类型养殖废水建议使用量及使用方式

土地利用类型	废水类型	销纳量（m³/亩/年）	畜种销纳量（头/亩/年）	说　明
大田（小麦、玉米、水稻）	猪场	10	3	建议小麦、玉米播种翻地前施用。生育期应用需要稀释灌溉，牛场废水稀释 4—5 倍，牛场废水稀释 10—12 倍，鸡场废水 12—15 倍
	牛场	24	5	
	鸡场	8	355	
杨树	猪场	33	9	4—5 月、7—8 月共分 2 次施入；行中间挖沟，深度 15—30 cm
	牛场	80	16	
	鸡场	26	1 185	

土地利用类型	废水类型	销纳量（m³/亩/年）	畜种销纳量（头/亩/年）	说　明
苹果	猪场	20	5	施肥的位置以树冠的外围 0.5—1.5 m 为宜，开宽 20—40 cm、深 20—30 cm 的沟
	牛场	50	10	
	鸡场	16	740	
蔬菜（叶菜）	猪场	8	2	避免生食蔬菜灌溉。养殖废水部分可以作为基肥，部分可以作为追肥，追肥需要随灌溉清水稀释灌溉
	牛场	20	4	
	鸡场	6	296	
蔬菜（果菜）	猪场	30	8	
	牛场	72	15	
	鸡场	24	1 066	

注：废水氮素浓度按照以下标准计算：猪 1 200 mg N/L，奶牛 500 mg N/L，鸡 1 500 mg N/L。灌溉的核算以氮素平衡为依据，考虑天津地区的气候、土壤和作物类型因素，灌溉过程以不污染环境为首要原则，因此，建议的灌溉量需要根据作物生长补施适量肥料。

第三章

猪场粪污处理技术

第一节　种养一体处理模式应用实例

 案例一　天津恒泰牧业有限公司

一、基本情况

天津恒泰牧业有限公司，隶属于天津宝迪集团，位于天津市宝坻区大钟庄镇，2007年建厂，占地约800亩，是天津宝迪集团下属种猪繁育基地，配套现代化办公设施，周围有良好的水域隔离带（图3-1）。目前常年存栏数40 000头，年出栏约61 600头。

图 3-1　天津恒泰牧业有限公司效果图

二、产排污量

根据设计最大养殖规模和第一次全国污染源普查《畜禽养殖业源产排污系数手册》核算标准，天津恒泰牧业有限公司污染物估算见表3-1。

表 3-1　天津恒泰牧业有限公司污染物估算

污染物质	产　量	单　位
粪便总产量	72.4	t/d
污水产量	85.6	m³/d
COD	1 6782.4	kg/d
TN	1329.2	kg/d
TP	242.4	kg/d

三、工艺技术方案

天津恒泰牧业有限公司的污水主要来源是粪尿、地面冲洗水以及职工生活污水，原污水站污水处理量为700m³/d，采用工艺为预处理+厌氧处理+气浮系统+接触氧化+气浮系统。

污水处理工艺通过前期的固液分离工艺，将车间内所产生的垃圾等进行隔离处理，剩余污水通过调节水质后进入厌氧系统。经厌氧处理后的污水，在经过沉淀后，进入好氧调节系统，曝气调节后，进入好氧系统，即采用接触氧化工艺对污水进行处理，通过好氧菌种对污水中有机物进行进一步氧化分解后，根据出水情况进入气浮系统进行处理，经过处理污水达到标准后用于厂区绿化、水产养殖、农业种植及回用于养殖冲洗（图3-2）。

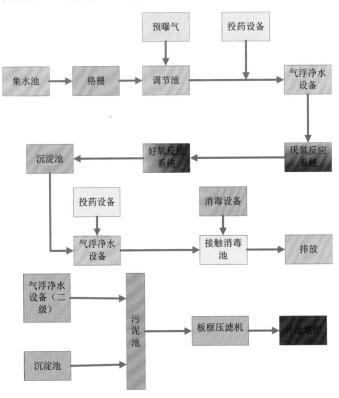

图 3-2　天津恒泰牧业有限公司粪污处理工艺流程

工艺说明：

养殖场采用干清粪工艺，粪便集中送至堆放场进行堆存，尿液中废水固液分离后收集到污水池，经泵打入调节池，再通过水泵抽入厌氧发酵系统，粪渣、沼渣送入堆放场处理，经厌氧处理—好氧处理—深度处理后的水厂区直接循环利用，不设排放口。

四、项目主要建设内容

天津恒泰牧业有限公司规划设置的粪便堆场 800 m²、雨水渠 500 m、调节沉淀池 800 m³、好氧池 620 m³、综合车间 54 m²、鼓风机房 54 m²，同时，还配设有 UASB 反应器、曝气器、清粪车、提升泵、进料泵、内回流泵、罗茨鼓风机等。（图 3-3、图 3-4、图 3-5、图 3-6、图 3-7）

图 3-3　出水回用贮存池

图 3-4　调节沉淀池

图 3-5　好氧池

图 3-6　加药设备

图 3-7　UASB 反应器

技术特点：该项目养殖规模大，产生粪污量大，将调节池和沉淀池的污水加药处理，使污水的污染物浓度降低，污泥经过板框压滤机，再次干湿分离后发酵还田或生产有机肥。

优点：在污水经过厌氧+好氧处理后增加化学加药系统，能够满足多种回用场合的需求；在处理效果稳定的情况下，可实现达标排放。

缺点：与传统厌氧+好氧工艺相比，增加化学加药系统导致日常运行费用增加，同时剩余污泥量增加。

适用范围： 适用于出水有较高排放要求的大型养殖场，或用水紧张的养殖场。

案例二　天津市精武种猪有限公司

一、基本情况

天津市精武种猪有限公司是天津市西青区一家规模化生猪养殖企业，位于杨柳青镇东淀（图 3-8）。总占地面积约 105 亩，生产区共建有现代化猪舍 10 栋，生活办公区建有消毒池、宿舍、仓库和办公室。年出栏底数为 18 000 头，年存栏量 9 000 头。

图 3-8　天津市精武种猪有限公司效果图

二、产排污量

根据设计最大养殖规模和第一次全国污染源普查《畜禽养殖业源产排污系数手册》核算标准。天津市精武种猪有限公司污染物估算见表 3-2。

表 3-2　天津市精武种猪有限公司污染物估算

污 染 物 质	产　量	单　位
粪便总产量	16.3	t/d
污水产量	90	m^3/d
COD	3 776	kg/d
TN	299	kg/d
TP	55	kg/d

三、工艺技术方案

猪场采用机械干清粪工艺，清出的猪粪用清粪车转运至有机肥生产车间，经过发酵后制成有机肥后自用或出售。

猪尿及冲圈产生的污水通过污水收集系统集中汇集至现有沉淀池和调节池，然后进入水解酸化池，可生化性提高后进入 AO 接触氧化池，然后进入植物净化塘，污水在这里经过好氧和植物净化后，水中大部分污染物被降解。净化塘出水进入 MBR 处理系统进行深度处理，出水水质稳定，可用于农田灌溉（图 3-9）。

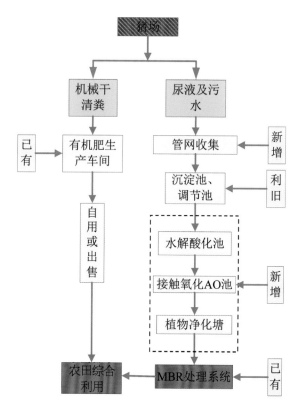

图 3-9　天津市精武种猪有限公司工艺流程

四、项目主要建设内容

该项目建设后年处理粪便 5 950 吨及污废水 3.65 万吨。项目具体建设内容包括集污暗管 725 m、生物处理池 1 928 m³、植物净化塘 400 m³ 及部分利旧设施。（图 3-10、图 3-11）

图 3-10　生物处理池（一）　　　　　　　图 3-11　生物处理池（二）

技术特点： 该项目养殖量较大，但养殖场周边缺乏足够的农业用地，在采用干清粪工艺的前提下，粪便收集后制作有机肥，处理技术主要集中在污水处理上。

优点： 场区原有部分污水处理设施，主体工艺类型为接触氧化 A/O 池，并采用 MBR 技术提升处理效果，保证出水水质。同时，能够结合 MBR 工艺的其他技术优点，如自动化程度高、耐受冲击负荷、剩余污泥产生量少等。

缺点： 整体工艺耗能较高，在保证出水水质的前提下，更适合大型养殖场。

适用范围： 该处理模式适用于废水水质污染物浓度较高，冲击负荷较大，出水有脱氮除磷要求的养殖厂；另外，场区还面临着可利用占地面积较小、周边农田面积不足等问题，需要予以解决。

案例三　天津市盛农畜牧专业合作社

一、基本情况

天津市盛农畜牧专业合作社生猪养殖基地成立于 2007 年，坐落于宁河区廉庄镇卫星河路南大于村西 1 500 m 处，交通便利。天津市盛农畜牧专业合作社常年生猪出栏 10 000 头，养殖场占地 170 亩，地势高燥、两面环河，周围又种植 2 万余株林木，形成了天然的防疫屏障。养殖场建筑面积为 4 280 m²，总投资 270 万元。分别建有办公、生活、生产等区域，水电设施完善，布局合理（图 3-12）。

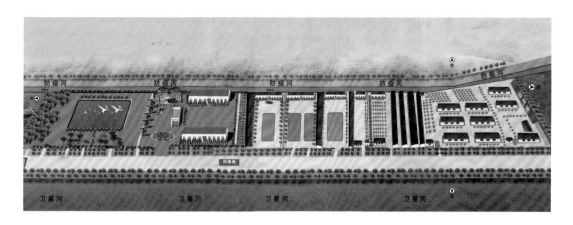

图 3-12　天津市盛农畜牧专业合作社效果图

二、产排污量

根据设计最大养殖规模和第一次全国污染源普查《畜禽养殖业源产排污系数手册》核算标准。污染物估算见表 3-3。

表 3-3　天津市盛农畜牧专业合作社污染物估算

污染物质	产　量	单　位
粪便总产量	9.05	t/d
污水产量	10.7	m³/d
COD	2 097.8	kg/d
TN	166.15	kg/d
TP	30.3	kg/d

三、工艺技术方案

根据养殖场实际情况，针对畜禽养殖业排放的污水水质中有机污染物浓度高、波动大等特点，考虑工程可靠性和设计合理性。治理工程采用干清粪工艺，粪便集中送至堆粪场，尿液等废水经厂区排水管道输送至三级沉降装置，8 个三级沉降装置的污水集中输送至污水贮池，之后再由管道输送至格栅，拦截大块污物，自流进入集水池，经泵提升至调节池，进行均质均量，再经泵提升 MBBR 复合生化池，经好氧微生物去除有机污染物，有效降低污水中的有机污染物浓度，有机物好氧—深度处理系统，经好氧—深度处理后的出水经管渠送入到附近农田进行农业利用（图3-13）。

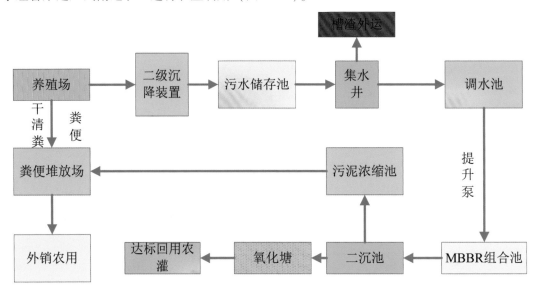

图 3-13　天津市盛农畜牧专业合作社工艺流程

四、项目主要建设内容

该项目建设后年处理粪便4 380吨及污废水21 900吨。项目具体建设内容包括污水暗管 1 230 m、集水井1座12 m³、调节池1座42 m³、好氧池1座256 m³、污泥贮池1座15 m³、氧化塘1座3 600 m³、粪便堆放场240 m²、检查井21座；以及提升泵、鼓风机、清粪车、气提装置、曝气盘等相应配套设备。（图3-14、图3-15、图3-16、图3-17、图3-18、图3-19）

图 3-14　储粪池

图 3-15　建设后总览图

图 3-16　建设后总览图

图 3-17　MBBR 组合池

图 3-18　好氧接触氧化

图 3-19　氧化塘

　　技术特点：该项目养殖量较大，养殖场采用干清粪工艺，粪便收集后发酵或出售，污水量较大，处理技术主要集中在污水处理上。

　　优点：场区原有污水处理设施，主体工艺类型为 SBR，采用 MBBR 技术便于主体工艺升级改造，相对能够降低工程造价。同时，能够结合 MBBR 工艺的其他技术优点，如耐受冲击负荷、剩余污泥产生量少等。

　　缺点：MBBR 填料的使用会增加一次性投资及日常运行维护费用，同时曝气系统会增加日常运行电耗。

　　适用范围：该处理模式适用于废水水质污染物浓度较高，冲击负荷较大，出水有脱氮除磷要求的养殖厂。另外，场区存在可利用占地面积较小、现有好氧工艺需利旧改造等问题，需要予以解决。

一、基本情况

天津市农夫农畜业科技发展有限公司位于宁河区芦台镇王北村，占地 100 亩，其中现有猪舍建筑面积15 210 m²，年出栏量为14 000头。产生废水量为 150 m³/d，产生粪便 36.8 t/d（图 3-20）。

图 3-20　天津市农夫种猪场场区效果图

二、产排污量

天津市农夫农畜业科技发展有限公司种猪场年出栏量为14 000头。根据设计最大养殖规模和第一次全国污染源普查《畜禽养殖业源产排污系数手册》核算标准，天津恒泰牧业有限公司污染物估算见表 3-4。

表 3-4　天津市盛农畜牧专业合作社污染物估算

污染物质	产　量	单　位
粪便总产量	12.67	t/d
污水产量	14.98	m³/d
COD	2 936.92	kg/d
TN	232.61	kg/d
TP	42.42	kg/d

三、工艺技术方案

根据天津市农夫农畜业科技发展有限公司的现场调研，结合业主要求将现有设施改造，并参照建设标准，污水经过厌氧处理—好氧处理—深度处理后全部回收利用，养殖场不设污水排放口，污水可用于农业种植。

根据现有设施改造以及上述工程模式与工艺技术方案的分析结果，确定本工程的工艺流程见图 3-21。

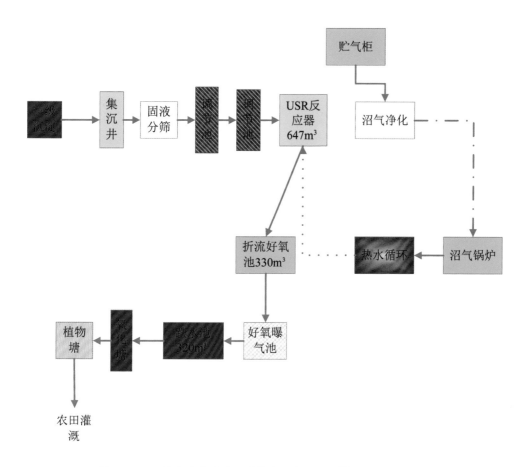

图 3-21 天津市农夫农畜业科技发展有限公司粪污处理工艺流程

工艺说明：

猪舍冲洗水和尿液进入三级沉降池，出水经过管网统一进入集水井，在池内设置格栅，拦截、清除各种固体颗粒物、漂浮物等，池内设置固液分筛，将污水自流至调节池，调节池水通过提升泵抽入 UASB 反应器，大分子有机物在厌氧系统进行降解并产生甲烷、二氧化碳、水等低分子物质。污水自流进入折流厌氧池，反应池内有大量活性污泥，在微生物的作用下，水中有机物被吸收分解，并最终得到去除，进入好氧曝气池内设有曝气装置及组合填料。经生化后污水自流进入沉淀池内，进行泥水分离，污水通过折流板自流进入叠水氧化池。沉淀池底部污泥部分由气提装置抽吸至污泥贮存池，污泥贮存池内污泥定期拉运至院内堆粪场进行粪便无害化处理。叠水氧化池污水通过液位泵控制进入氧活化，通过进一步处理后进入植物塘。

四、项目主要建设内容

该项目建设后年处理粪便13 432吨及污废水54 750吨。项目具体建设内容包括污水井3座、三级沉降池186 m³、集水井12 m³、固液分筛、调节池42.4 m³、UASB反应器、折流厌氧池330 m³、沉淀池60 m³、污泥贮存池60 m³、叠水氧化池320 m³、污水管道系统355 m、植物塘3 500 m³、粪便堆放场1 125 m²；以及固液分离机、提升泵、三相分离器、不锈钢布水系统、循环搅拌装置、罐顶膜式贮气柜、鼓风机、水利搅拌机、微孔曝气器、粪便清运车等相应配套设施设备。（图3-22、图3-23、图3-24、图3-25）

图3-22　竖流沉淀池

图3-23　折流厌氧池

图3-24　好氧曝气池

图3-25　调节池

优点：该工艺在解决污水处理问题的同时能够产生能源副产物甲烷，可为场区提供一部分日常用能。

缺点：一次性投资较大，需要专业人员进行管理和维护；发酵温度要求较高，在寒冷地区经济适宜性较差；沼渣沼液等副产物要合理利用及配备后续处理工艺。

适用范围：场区内有能源需求，所处区域温度稳定适宜，沼液等副产物有合理出路，如具备足够还田土地、进一步好氧+深度处理等。

 案例五 静海区顺鑫养殖有限公司

一、基本情况

天津市静海区顺鑫养殖有限公司场区总占地面积42亩，总建筑面积约3 927 m²，建有11栋猪舍，办公房和饲料储存间各1栋。生产区包括母猪舍、仔猪舍和育肥猪舍。场区四周为农田环绕。生猪现有年出栏量6 000头，其中育肥猪约1 500头，妊娠猪约500头，拟设计最大养殖规模3 000头（图3-26）。

图3-26 静海区顺鑫养殖有限公司效果图

二、产排污量

根据设计最大养殖规模和第一次全国污染源普查《畜禽养殖业源产排污系数手册》核算标准，污染物估算见表3-5。

表 3-5　顺鑫养殖公司污染物估算

污染物质	产　量	单　位
粪便总产量	5.43	t/d
污水产量	30	m^3/d
COD	1258.7	kg/d
TN	99.69	kg/d
TP	18.18	kg/d

三、工艺技术方案

根据对顺鑫养殖有限公司的现场调研情况，明确猪场粪污治理适合种养一体化模式。

场区内外雨污分流，猪场粪污采用干清粪工艺，粪便由清粪车运送至堆粪棚，腐熟发酵制作成肥料；现有暗沟收集，但是暗沟检修井也是雨水排污口，不能实现雨污分流，因此重新改造场区内排污井，严格实现雨污分流；新建格栅池、改造现有场西面院墙外 8 个污水收集池为 1-7 级沉淀池和 1 个集水池；新建 UASB 厌氧反应器、A-O 反应池和二沉池及生物塘，逐级处理并深度净化，最终出水配吸污车或输水管道至大田农用。

工艺流程：猪场采用干清粪工艺，粪便和污水分类收集，分别处理和利用。粪便通过清粪车运送至堆粪棚集中收集、堆沤、发酵后售卖。污水通过暗沟收集后输送至格栅池进行过滤粗纤维和动物纤毛，过滤后进入 7 个沉淀池和集污池，具有固液分离、酸化、调质匀浆和滞留收纳的作用。出水经提升泵进入 UASB 高效厌氧反应器。反应器内，污水中蛋白质等大分子有机物质在厌氧菌的作用下依次分解成小分子物质，小分子物质部分再降解成 CH_4 等物质。厌氧出水再进入 A-O 池，进行硝化—反硝化脱氮作用，降解有机污染物。处理后出水进入二沉池，分离污泥，出水进入生物塘，通过在塘内种植水生植物，对处理后污水进行深度净化处理，最终出水通过农田配水管道输送至大田农用（图 3-27）。

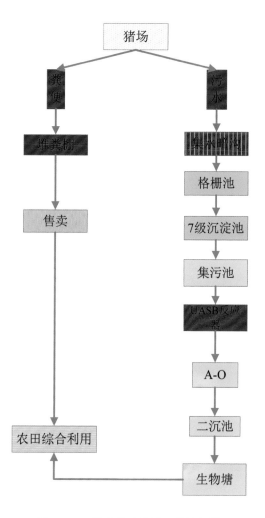

图 3-27 顺鑫养殖公司工艺流程图

四、项目主要建设内容

该项目建设后年粪便处理量为 1 982 吨，污水处理量为 10 950 m³。项目主要建设内容包括：格栅池 4.5 m³，采用全地下砼结构，超高地面 10 cm，表面做刚性防水防渗处理，加装活动盖板。集污池 900 m³，UASB 厌氧反应器总容积 312 m，A 池 37.5 m³，O 池 56.25 m³，二沉池 12.5 m³，生物塘 481.25 m³，堆粪棚 150 m²，吸粪车、提升泵、三相分离器、布水系统、强制循环系统、罐体保温系统、曝气装置、液位传感装置等相应配套设施设备（图 3-28、图 3-29、图 3-30、图 3-31）。

图 3-28　1-7 级沉淀池

图 3-29　A-O 池

图 3-30　鼓风机房

图 3-31　堆粪棚

技术特点：

该养殖场为小区，周围有足够配套的土地可消纳养殖场产生的粪便和污水。年出栏生猪6 000头，产生粪污量较案例一和案例二少，可采用简单的 UASB 处理工艺，粪便经干清粪后堆放售卖，污水分级沉淀后进入 UASB 反应器处理后，进入氧化塘储存还田。

模式特点：

优点：采用高效厌氧反应器可在短期内对污水进行处理，停留时间短，罐体容积小，占地面积少，并能产生一定的能源供养殖场使用。

缺点：一次性投资较大，需要专业人员进行管理和维护。

适用范围：

年出栏大于3 000头育肥猪当量、具有一定农用面积的个体规模化养殖户或养殖场。

投资与运行费用：

设备土建投资费用、日常运行管理费、设备维护费用、沼液运输费（如采用泵提升，则较少）。

案例六　天津市蓟州区畜康生猪养殖场

一、基本情况

天津市蓟州区畜康生猪养殖场粪污治理工程项目位于蓟州区下仓镇大杨各庄（东经117°25′44″，北纬39°48′55″），场区总占地面积52.4亩，总建筑面积6 516 m²，建有10栋猪舍、2栋住房、1栋办公室、1栋库房。生产区包括5栋育肥舍、2栋产房、2栋母猪舍和1栋保育舍。该养殖场采用干清粪工艺，粪便由人工收集清运车运出后，集中堆放外售，废水随舍外明沟排出圈舍，再由集水沟收集汇合排到院外旱坑。生猪设计出栏规模5 700头（图3-32）。

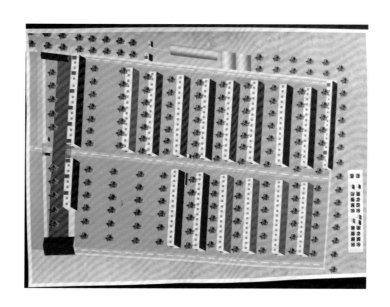

图 3-32　天津市蓟州区畜康生猪养殖场效果图

二、产排污量

根据设计最大养殖规模和第一次全国污染源普查《畜禽养殖业源产排污系数手册》核算标准，污染物估算见表3-6。

表 3-6　天津市蓟州区畜康生猪养殖场污染物估算

污染物质	产　量	单　位
粪便总产量	5.16	t/d
污水产量	28.5	m^3/d
COD	1 195.75	kg/d
TN	94.7	kg/d
TP	17.27	kg/d

三、工艺技术方案

该养殖场采用暖圈养殖，针对该场的实际情况，该场需要进行道路硬化和沟渠改造，养殖废水要进行无害化处理后满足可安全农用要求，配套污水转运设施和设备，配套肥水农用输配暗渠，需要构建集中的粪污堆放场所，实现粪污的有效分离和处理，切实解决养殖场对周边河道、地下水、农业用地、人居环境造成的环境危害，促进养殖业的良性循环。

场区内外雨污未分流，猪场粪污采用干清粪工艺，粪便由清粪车输送至干粪发酵间；污水由集污暗沟收集，输送至集污池，由提升泵提升至一体化设备，处理后进入贮存池，经过混灌池合理配水后，再由暗管或吸粪车送至大田农用；场内道路硬化，增加雨水排放口。沟渠沿线道路硬化。

工艺说明：

猪场采用干清粪的清粪工艺，粪便和废水分类收集，分别处理和利用。粪便通过清粪车运送至干粪发酵间集中收集、堆沤发酵后售卖给农户或中间商。污水通过集污暗沟收集后输送至集污池，集污池具有污泥沉积、废水酸化、调质匀浆的作用，一体化设备主要承担有机质降解作用，贮存池主要为处理后的肥水提供暂存空间，另外增设混灌池，在农灌季节，依照《农田灌溉水质标准》（GB 5084—2005）通过合理的配比稀释，保障养殖肥水的安全农用。另外为了保证雨季雨水不会进入污水处理设施，改善场区的环境卫生，便于人员和车辆出入场区和粪污处理区，对该区域的主要路面进行改善硬化（图 3-33）。

天津市规模化畜禽养殖场粪污治理工程 案例

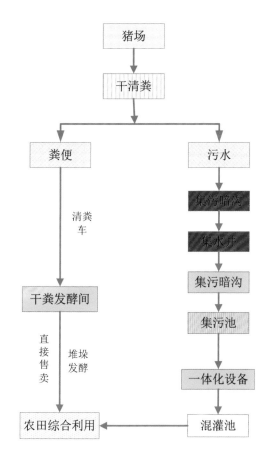

图 3-33　天津市蓟州区畜康生猪养殖场工艺流程图

四、项目主要建设内容

主要建设内容：贮存池 400 m³、集污池 400 m³、混灌池 68.4 m³、干粪发酵间 300 m²、集污暗沟 650 m、路面硬化 420 m²、一体化设备、吸粪车、干粪车、切割式潜污泵。（图 3-34、图 3-35）

图 3-34　干粪发酵间

图 3-35　一体化设备、混灌池

模式特点：

优点： 通过暗沟、管道将污水收集，以厌氧发酵、简单贮存为主要处理手段，投资小，液态肥肥效保持效果好，管理方便。

缺点： 处理效果稳定性较沼气工程差，适用范围小。

适用范围： 年出栏小于1 000头育肥猪当量、具有一定农用面积的个体规模化养殖户或养殖场。

投资与运行费用： 设备土建投资费用、清淤费、少量沼液泵送费。

 案例七　天津市金铎生猪养殖有限公司

一、基本情况

金铎生猪养殖有限公司位于宝坻区王卜庄镇王卜庄村北，水电路设施齐全，交通便利；该项目建址现状为空地，建设场地地势平坦，建址及周边无珍稀动植物。公司常年出栏量为5 600头，产生粪便5.6 t/d，排尿及污水量约为28 m³/d。该项目主要针对废水及粪便进行规范化改造，达到改善农村生态环境、资源利用化的目的（图3-36）。

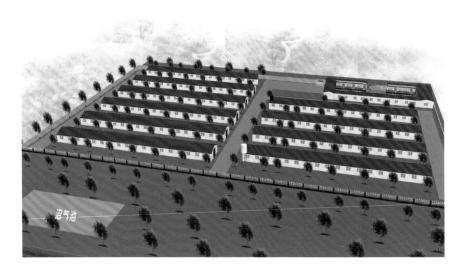

图 3-36　金铎生猪养殖有限公司效果图

二、产排污量

天津市金铎生猪养殖有限公司常年存栏生猪2 800头，根据设计最大养殖规模和第一次全国污染源普查《畜禽养殖业源产排污系数手册》核算标准，污染物估算见表3-7。

表 3-7　金铎生猪养殖有限公司污染物估算

污染物质	产　量	单　位
粪便总产量	5.068	t/d
污水产量	5.992	m³/d
COD	1 174.768	kg/d
TN	93.044	kg/d
TP	16.968	kg/d

三、工艺技术方案

按照建设标准，粪便必须进行堆存，做好防渗、防漏、防雨处理，经规范堆存后用于农业生产，污废水经厌氧—好氧—深度处理后完全农业利用，不得有污水排放口。考虑金铎生猪养殖有限公司养殖场粪便和污废水处理现状，本工程污废水则经过厌氧—好氧—深度处理系统处理后农用。

根据在金铎生猪养殖有限公司的现场调研，并参照相关建设标准，选择种养一体模式（粪便自然堆肥+污水还田/回用）。该模式适用于有与粪污消纳相平衡的足够农田、菜地、林地、果园的规模化养殖场。

养殖场应采用人工或机械方式将粪便及时、单独清出，不可与污水混合排出，并将产生的固体粪便及时运至贮存或处理场所，实现日产日清。

技术路线：

固体粪便经过机械高温堆肥无害化处理后制成优质肥，养殖废水经过厌氧处理—好氧处理—深度处理后农用。工艺流程为：固体粪便采用粪车转运—堆制腐熟—还田农用；污水采用雨污分流—固液分离—集水调节池—厌氧系统—好氧系统—深度处理系统—农业利用（图3-37）。

粪便临时贮存池：

非自行生产有机肥的养殖场需建设临时贮粪池，贮粪池容积设计应大于最大运输间隔期粪便产生量。贮粪池应具有防渗、防漏、防雨功能，不得污染地下水。

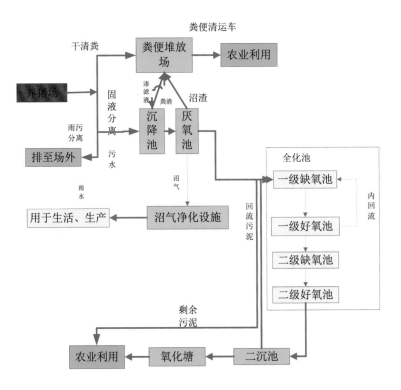

图 3-37　金铎生猪养殖有限公司工艺流程

工艺说明：

金铎生猪养殖有限公司采用干清粪工艺，粪便集中送至粪便处理车间进行堆存，尿液、冲洗水等废水通过管道进入沉降池固液分离，自流入厌氧池，大分子有机物在厌氧系统进行降解并产生甲烷、二氧化碳、水等低分子物质，粪渣、沼渣送入粪便处理车间处理，厌氧处理后沼液进自流入生化池一级缺氧段→一级好氧段→二级缺氧段→二级好氧段，在微生物的作用下，水中有机物被吸收分解，并最终得到去除。出水经溢流堰自流进入二沉池，沉降后的上清液流入氧化塘。处理后出水经消毒后可回用于场内，或农业利用。

四、项目主要建设内容

该项目拟建设年处理粪便2 044吨及污废水10 220吨的治理工程一项。项目具体建设内容包括粪污处理系统等。

主要建设内容包括：堆粪场 200 m²、生化池 87.5 m³、污泥池 2 m³、氧化塘 450 m³、沉降池 12 座、脏净道硬化 400 m²、雨水系统 800 m；提升泵、二沉池布水收水设备、曝气设备、循环设备、粪便清运车（图 3-38、图 3-39、图 3-40、图 3-41、图 3-42、图 3-43、图 3-44、图 3-45）。

图 3-38　建设前排污沟

图 3-39　建设前厂区脏道

图 3-40　厌氧池

图 3-41　沉降池

图 3-42　堆粪棚

图 3-43　吸粪车

图 3-44　好氧池

图 3-45　氧化塘

技术特点：

优点：该工艺在解决污水处理问题的同时能够产生能源副产物甲烷，可为场区提供一部分日常用能；采用两级 A2O 工艺的脱氮除磷效果较好。

缺点：一次性投资较大；日常运行维护费用较高；运行维护管理专业性较强；占地面积较大。

适用范围：该处理模式适用于废水水质污染物浓度较高，出水有脱氮除磷要求，场区可利用面积充足等情况。

案例八　福圣源畜禽养殖场

一、基本情况

天津市福圣源畜禽养殖场于 2004 年 6 月注册成立，占地 78 余亩，总建筑面积8 800 m²，附属设施建筑面积1 780 m²，现有员工 15 人，其中技术人员 7 人。福圣源畜禽养殖场现存栏大约克夏、长白两个品种基础母猪 420 头。2010 年，该场出栏肥猪 2 000 头，销售仔猪 2 700 头，二元母猪 800 头（图 3-46）。

图 3-46　天津市福圣源畜禽养殖场效果图

二、产排污量

根据设计最大养殖规模和第一次全国污染源普查《畜禽养殖业源产排污系数手册》核算标准,天津市福圣源畜禽养殖场污染物估算见表3-8。

表 3-8 天津市福圣源畜禽养殖场污染物估算

污染物质	产 量	单 位
粪便总产量	1.81	t/d
污水产量	2.14	m³/d
COD	419.56	kg/d
TN	33.23	kg/d
TP	6.06	kg/d

三、工艺技术方案

目前,福圣源养猪场采用干清粪工艺,但养殖过程中产生大量的粪便、尿液和冲洗污水,都没有经过处理,粪便收集后堆积在乡村马路旁,废水直接排入附近沟渠,污水中含有高浓度的有机物、氨氮、悬浮物等有害物质,污水发臭,滋生蚊蝇,造成周边环境恶劣,给附近居民的生活环境及受纳水体的生态环境造成了较大的污染。

针对畜禽养殖业排放的污水水质中有机污染物浓度高、波动大等特点,考虑工程可靠性和设计合理性,该方案设计工艺流程如图3-47所示。

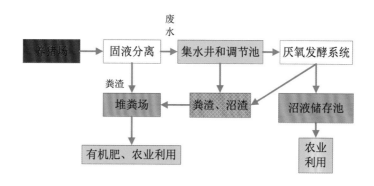

图 3-47 天津市福圣源畜禽养殖场工艺流程图

工艺说明:

养殖场采用干清粪工艺,粪便集中送至堆放场进行堆存,尿液、冲洗水等废水通过二级沉淀固液分离后收集到集水井和调节池,通过水泵抽入厌氧发酵系统,粪渣、沼渣送入堆放场处理,经厌氧处理后的出水自流进入沼液贮存池,出水经提升泵及管道系统送入到附近农田进行农业利用。

四、项目主要建设内容

粪便处理能力为 3.7 t/d，尿污水处理设计处理能力为 18.5 m³/d。建设内容主要包括：收水管网 500 m、集污池 135 m³、厌氧发酵系统、沼液贮存池 1 155 m³、粪便堆放场 200 m³；UASB 反应器、提升泵、脉冲布水器、三相分离器、沼气火炬燃烧器、清粪车、吸粪车等设施设备（图 3-48、图 3-49）。

图 3-48　粪便堆放场

图 3-49　沼液贮存池

技术特点：该项目设计处理 3 760 头生猪污染物项目，猪场采用干清粪工艺，粪污直接售卖，污水经过三相分离机分离后座厌氧发酵储存后还田。

优点：该工艺在解决污水处理问题的同时能够产生能源副产物甲烷，可为场区提供一部分日常用能。

缺点：一次性投资较大，需要专业人员进行管理和维护；发酵温度要求较高，在寒冷地区经济适宜性较差；沼渣沼液等副产物要合理利用及配备后续处理工艺。

适用范围：场区内有能源需求，并且所处区域温度适宜或有辅助增温设施；沼液沼渣等副产物有合理出路，如具备足够还田土地等。

案例九　天津市佑天生猪养殖场

一、基本情况

小芦村佑天生猪养殖场，位于天津市宁河区东棘坨镇小芦村。全场年出栏生猪2 200头。场区占地10亩，现有猪舍5栋。采用水冲粪方式，粪污暂存于猪舍外粪污暂存池，定期外运（图3-50）。

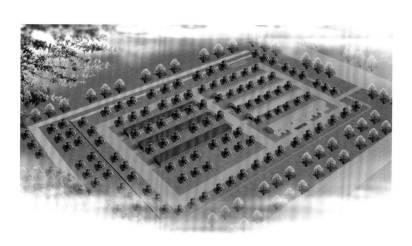

图 3-50　天津市佑天生猪养殖场效果图

二、产排污量

根据设计最大养殖规模和第一次全国污染源普查《畜禽养殖业源产排污系数手册》核算标准，污染物估算见表3-9。

表 3-9　天津市佑天生猪养殖场污染物估算

污染物质	产　量	单　位
粪便总产量	2.0	t/d
污水产量	11.0	m³/d

污染物质	产　量	单　位
COD	462	kg/d
TN	37	kg/d
TP	7	kg/d

三、工艺技术方案

生猪常年出栏量2 200头。采用水冲粪方式收集粪便，暂存于粪污暂存池，定期外运，但用水量大，需频繁外运，对养殖场带来较大经济负担。改现有水冲粪方式为刮板式干清粪，新建干清粪便堆粪棚，建设污水处理系统一套，对粪污进行有效治理，切实解决养殖场对周边河道、地下水、农业用地、人居环境造成的环境危害，促进养殖场的良性循环。改水冲粪为干清粪，粪便通过清粪车推入堆粪棚内，等待售卖。该养殖场道路已硬化，粪污处理区道路需硬化，需改水冲粪为刮板式干清粪，新建堆粪棚和污水处理系统。

工艺说明：

冲圈舍污水和猪尿液经沉淀后，暗管输送至调节池，然后泵入厌氧发酵池，发酵处理后进入污水贮存池，经过稳定后作为水肥资源进行农业利用（图3-51）。

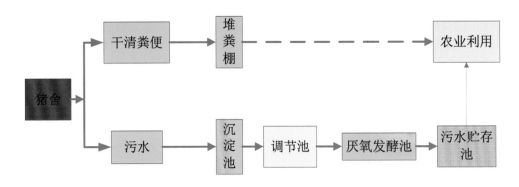

图3-51　天津市佑天生猪养殖场工艺流程图

四、项目主要建设内容

沉淀池120 m³、厌氧发酵池120 m³、污水贮存池200 m³、堆粪棚84 m²、提升泵、排泥系统、微生物填料模块等配套设施设备（图3-50、图3-51）。

图 3-52　污水贮存池　　　　　　　　　图 3-53　堆粪棚

技术特点：该项目年出栏生猪2 200头，干清粪后堆放农业利用，污水经沉淀池沉淀后直接入厌氧发酵池发酵后进入污水贮存池后回田。

优点：利用微生物填料模块增加厌氧发酵池内的微生物停留时间，提高反应效率，投资小，处理效果好，管理方便。

缺点：处理效果稳定性较沼气工程差。

适用范围：年出栏小于2 500头育肥猪当量、具有一定农用面积的个体规模化养殖户或养殖场。

投资与运行费用：设备土建投资费用、填料更换费用、清淤费、少量沼液泵送费。

案例十　廉野猪场

一、基本情况

廉野猪场，位于天津市宁河区廉庄镇大于村（东经117°44′7″，北纬39°25′34″）。全场年出栏生猪900头。场区占地约20亩，总建筑面积约1 452 m²，现有猪舍3栋（图3-54）。

图 3-54 廉野猪场效果图

二、产排污量

该场现年出栏量为 900 头。粪污治理工程规模按 409 头育肥猪产生的粪污量设计。根据设计最大养殖规模和第一次全国污染源普查《畜禽养殖业源产排污系数手册》核算标准，污染物估算见表 3-10。

表 3-10　廉野猪场粪污染物估算

污染物质	产　量	单　位
粪便总产量	0.74	t/d
尿液产量	0.88	m³/d
污水产量	4.09	m³/d
COD	171.6	kg/d
TN	13.59	kg/d
TP	2.48	kg/d

三、工艺技术方案

养殖场应采用人工或机械方式将粪便及时、单独清出，不可与污水混合排出，并将产生的固体粪便及时运至贮存或处理场所，实现日产日清。

固体粪便由清粪车运至堆粪棚，经堆沤发酵后回田农用；改造 PFR 厌氧反应器为厌氧发酵池，改污水收集明沟为暗渠—暗管，新建格栅池、污水贮存池，由还田配水管道输送至可消纳农田。

工艺说明：

该养殖场采用人工干清粪工艺，粪便通过清粪车推入堆粪棚内，堆沤腐熟后回田农用。污水通过暗渠—暗管—检查井连接的收集系统汇集至格栅池。通过格栅，筛除杂草、猪毛及大块污泥后，污水进入厌氧发酵池，在厌氧发酵池内污水发生厌氧反应，有机污染物大分子颗粒分解为小分子颗粒，污水的可生化降解性大大提高，同时固体颗粒物质被沉淀下来。厌氧发酵池出水进入污水贮存池，处理后由还田配水管道回田农用（图 3-55）。

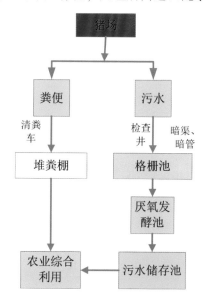

图 3-55　廉野猪场工艺流程图

四、项目主要建设内容

年处理粪污量约为：粪便年产量约为 270.1 吨，污水年产量约为 1 492.85 吨。主要建设内容有：污水贮存池 80 m³、厌氧发酵池 180 m³、堆粪棚 60 m²、污水暗管 280 m、检查井 11 座；提升泵、人工格栅（图 3-56、图 3-57）。

图 3-56　调节池

图 3-57　堆粪棚

技术特点：

优点：利用厌氧发酵、简单贮存为主要处理手段，投资小，液态肥肥效保持效果好，管理方便。

缺点：处理效果稳定性较沼气工程差，适用范围小。

适用范围：年出栏小于1 000头育肥猪当量、具有一定农用面积的个体规模化养殖户或养殖场。

投资与运行费用：设备土建投资费用、清淤费、少量沼液泵送费。

案例十一　吴圣勇养猪场

一、基本情况

蓟州区吴圣勇养猪场粪污治理工程项目位于蓟州区上仓镇陈家桥村（东经117°21′30″，北纬39°53′8″），占地面积2.25亩，总建筑面积985 m²，建有4栋猪舍，2栋住房。生产区包括4栋育肥舍。采用干清粪工艺，粪便人工收集清运车运出集中堆放外售，废水随舍外明沟排出圈舍，再由集水沟收集汇合排到院外旱坑。生猪设计出栏规模780头（图3-58）。

图3-58　吴圣勇养猪场效果图

二、产排污量

根据设计最大养殖规模和第一次全国污染源普查《畜禽养殖业源产排污系数手册》核算标准，污染物估算见表3-11。

表 3-11 蓟州区吴圣勇养猪场污染物估算

污染物质	产　量	单　位
粪便总产量	0.71	t/d
污水产量	3.9	m³/d
COD	163.63	kg/d
TN	12.96	kg/d
TP	2.36	kg/d

三、工艺技术方案

　　猪场采用干清粪的清粪工艺，粪便和废水分类收集，分别处理和利用。粪便通过清粪车运送至干粪发酵间集中收集堆沤发酵后售卖给农户或中间商。污水通过集污暗沟收集后输送至集污池，集污池具有污泥沉积、废水酸化、调质匀浆、有机质降解和滞留收纳的作用，为后续的农田安全利用建立了安全有利的条件，另外增设混灌池，依照《农田灌溉水质标准（GB 5084—2005）》通过合理的配比稀释，保障养殖肥水的安全农用。为了保证雨季雨水不会进入污水处理设施，改善场区的环境卫生，便于人员和车辆出入场区和粪污处理区，对该区域的主要路面进行改善硬化（图 3-59）。

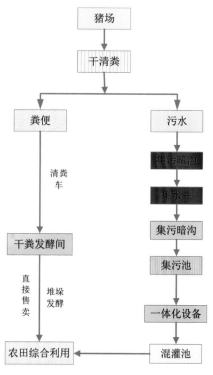

图 3-59 蓟州区吴圣勇养猪场工艺流程图

四、项目主要建设内容

蓟州区吴圣勇养猪场额定养殖量为 780 头，年产粪便总量 259.15 t，污水总量 1 423.5 m³。主要建设主要内容有：干粪发酵间 45 m²、混灌池 8 m³、集污池 200 m³、路面硬化 300 m²、集污暗沟 180 m；清粪车、吸粪车、切割式潜污泵（图 3-58、图 5-59、图 5-60）。

图 3-60　建设前粪污外排

图 3-61　堆粪棚

图 3-62　集污池

技术特点：

优点：利用厌氧发酵、简单贮存为主要处理手段，投资小，液态肥肥效保持效果好，管理方便。

缺点：处理效果稳定性较沼气工程差，适用范围小。

适用范围： 年出栏小于1 000头育肥猪当量、具有一定农用面积的个体规模化养殖户或养殖场。

投资与运行费用： 设备土建投资费用、清淤费、少量沼液泵送费。

案例十二 天津市静海区顺发生猪养殖场

一、基本情况

顺发养猪场是天津市静海区一家规模化生猪养殖企业，位于大邱庄镇庞庄子村。每年出栏 600 头，总占地面积近 4 亩，其中猪舍约占 2 亩地，建有 3 栋猪舍，住房和饲料存储间 1 栋。生产区包括母猪舍、仔猪舍和育肥猪舍。场区周围为农田所环绕（图 3-63）。

图 3-63 天津市静海区顺发生猪养殖场效果图

二、产排污量

根据设计最大养殖规模和第一次全国污染源普查《畜禽养殖业源产排污系数手册》核算标准，污染物估算见表 3-12。

表 3-12 天津市静海区顺发生猪养殖场污染物估算

污染物质	产　量	单　位
粪便总产量	0.55	t/d
污水产量	3	m³/d
COD	125.87	kg/d

污染物质	产　量	单　位
TN	9.97	kg/d
TP	1.82	kg/d

三、工艺技术方案

场区内外雨污分流，猪场粪污采用干清粪工艺，粪便由清粪车输送至堆粪棚、高温腐熟制肥料或售卖；改造现有污水集水井，改造现有污水收集管网，建格栅池、三级沉降池，污水输送管道至自有农田。沟渠沿线道路硬化，脏净道分离。

工艺说明：

猪场采用干清粪的清粪工艺，粪便和污水分别收集、分别处理和利用。粪便通过清粪车运至堆粪棚，集中收集堆沤发酵后售卖给农户或有机肥厂。污水通过暗管输送至污水集水井，收集后输送至格栅池过滤粗纤维和动物纤毛，后进入三级沉降池，进行酸化、调质匀浆和滞留收纳，处理后经暗管输送至猪场外种植区自用（此环节需要增加一级提升），从而满足了需肥季节供肥农用、不需肥季节收纳储存，实现粪污综合利用，达到种养一体化目的；同时避免污水外排造成的环境污染，达到减排目的。另外，为保证雨季雨水不会进入污水处理设施，将粪污处理区的主要路面进行硬化，并建立排雨水沟，所有粪污处理和输排设施均高出路面 100 mm，以防止雨水倒灌（图 3-64）。

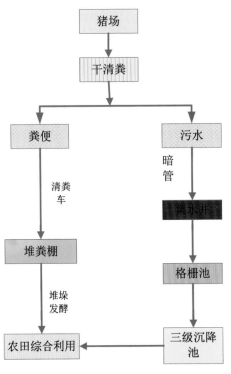

图 3-64　天津市静海区顺发生猪养殖场工艺流程图

四、项目主要建设内容

项目主要建设内容包括：集水井 15 座、格栅池 6 m³、三级沉降池 96 m³、堆粪棚 18 m²、路面硬化 1610 m²、提升泵、微生物填料模块。（图 3-65、图 3-66、图 3-67）

图 3-65　建设前排污沟　　　　　　　　　　图 3-66　建设后

图 3-67　格栅池

技术特点：

优点：利用厌氧发酵、简单贮存为主要处理手段，投资小，液态肥肥效保持效果好，管理方便。

缺点：处理效果稳定性较沼气工程差，适用范围小。

适用范围： 年出栏小于 1 000 头育肥猪当量、具有一定农用面积的个体规模化养殖户或养殖场。

投资与运行费用： 设备土建投资费用、清淤费、少量沼液泵送费。

第二节 沼气工程处理技术应用实例

案例 天津市益利来养殖有限公司

一、基本情况

益利来养殖有限公司是天津市西青区一家规模化生猪养殖企业，位于西青区杨柳青镇西河闸北。总占地面积约 72 亩，建筑面积约 12 000 m²，生产区共建有 35 栋猪舍，包括育肥猪舍、产房、公猪舍、母猪舍、保育舍和定位舍。生活办公区建有消毒池、宿舍、仓库和办公室。场区北面为占地约 700 亩的鱼塘，南面依次为拟建的 30 亩果园和约 20 亩设施蔬菜大棚，西面为占地 800 亩的农田，东面沟渠贯穿子牙河。该场种猪养殖规模约为 9 000 头，粪污处理设施区占地约 20 亩（图 3-68）。

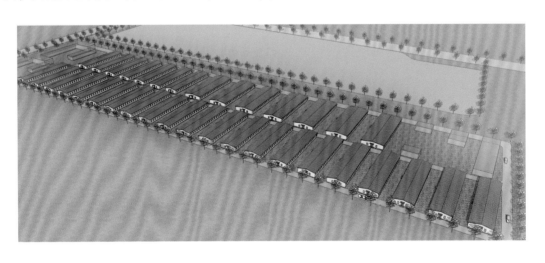

图 3-68 天津市益利来养殖有限公司效果图

二、产排污量

天津市益利来养殖有限公司养殖规模约为9 000头，根据设计最大养殖规模和第一次全国污染源普查《畜禽养殖业源产排污系数手册》核算标准。污染物估算见表3-13。

表3-13　天津市益利来养殖有限公司污染物估算

污染物质	产　量	单　位
粪便总产量	9.36	t/d
污水产量	35	m^3/d
COD	2 130.84	kg/d
TN	183.6	kg/d
TP	31.32	kg/d

三、工艺技术方案

猪场采用干清粪工艺，粪便和污水分别收集、处理和利用。粪便通过清粪车运至堆粪棚，一部分集中堆沤发酵后肥田或售卖，另一部分进入 CSTR 沼气工程做发酵原料。污水通过猪舍内改造收集管网，一部分进入场区西面的改造格栅池，后经暗管进入 PFR 厌氧反应器进行预处理，后自流至生态净化系统（菌藻塘和自然生态沟）进一步净化处理，另一部分则进入改造调节池后输送至 CSTR 反应器进行厌氧消化，然后再进入 PFR 反应器和生态净化系统，沼液多时可先进入沼液贮存池暂时存放，需肥时稀释农用（图3-69）。夏季水量多时则将一部分抽进污水贮存池暂存，需水时进入处理系统。经自然生态沟处理后出水可经管道或吸污车输送到大田或设施大棚或果园农用。

本工艺整体可实现沼气供能、沼液灌溉、沼渣制肥的三沼综合利用效果，同时做到非灌溉季节收纳储存，实现粪污资源化利用，达到种养结合目的，从而避免污水外排造成的环境污染。

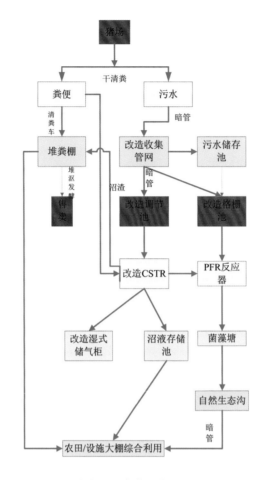

图 3-69　天津市益利来养殖有限公司工艺流程图

四、项目建设内容

36 m³污水收水井 40 个、菌藻塘 2 400 m³、污水贮存池 3 000 m³、沼液贮存池 3 000 m³；改造原有调节池、格栅池、湿式储气柜、CSTR 和堆粪棚；提升泵 3 台、微生物填料模块、耐污水生植物等（图 3-70、图 3-71、图 3-72、图 3-73）。

图 3-70　USR 反应器

图 3-71　湿式储气罐

图 3-72 菌藻塘

图 3-73 PFR 反应器

技术特点：

厌氧多级、分段处理系统：针对不同浓度、不同处理目标的污水选用最合适的厌氧反应器多级、分级处理。

自然生态沟沟：利用填料、藻类、微生物联合作用针对污水进行处理的一体化设施。

农田安全利用技术：针对不同类型种植类型、种植环境等因素，形成一套完善的沼液农田安全利用技术。

模式特点

（1）"猪—沼—小麦/玉米（设施蔬菜）"模式为规模化畜禽养殖场粪污处理提供了一条明确的方向—变废为宝，利用粪污产生诸如沼气、沼液、有机肥等产品为农民增收，使养殖户乐于接受。

（2）"猪—沼—小麦/玉米（设施蔬菜）"模式完全实现了种养一体化设计，经过整个生态链的循环，真正实现规模化养殖场粪污"零排放"的原则。

（3）缺点：一次性投资较大，需要专业人员进行管理和维护。

适用范围："猪—沼—小麦/玉米（设施蔬菜）"模式适合于自有大量农田/温室大棚/果蔬/林地的大中型（年出栏量超过 1 万头）规模化生猪养殖场。

投资与运行费用：设备土建投资费用、日常运行管理费、设备维护费用、菌藻塘日常管理费、沼液利用运输费。

牛场粪污处理技术

第一节 种养一体粪污处理技术应用实例

 案例一 天津嘉立荷牧业有限公司示范奶牛场

一、基本情况

天津嘉立荷牧业有限公司示范奶牛场项目位于宝坻区大钟庄农场境内，是天津农垦集团重点投资项目，也是国家标准化奶牛场和天津市示范园区建设项目。占地面积731亩，总建筑面积70 476 m²。如牛场符合防疫要求，建有四个生产区、一个办公生活区、一个饲料储藏区（含后勤供应区）和一个粪污处理区。生产区包括犊牛舍、育成牛及成母牛、饲喂棚、产房、挤奶厅。采用高强度彩钢架结构标准牛舍，自由卧栏；引进国际先进的并列式挤奶机，TMR采用集中配送饲喂方式。奶牛常年存栏量5 000头，其中成母牛2 900头，后备牛2 100头（图4-1）。

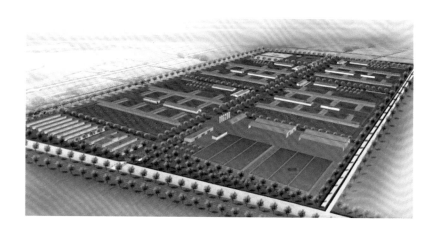

图 4-1 天津嘉立荷牧业有限公司现代示范牧场效果图

二、产排污量

根据设计最大养殖规模和第一次全国污染源普查《畜禽养殖业源产排污系数手册》核算标准，污染物估算见表4-1。

表4-1 天津嘉立荷牧业有限公司示范奶牛场污染物估算

污染物质	产 量	单 位
粪便总产量	126.44	t/d
污水产量	120（非喷淋） 330（喷淋）	m^3/d
COD	25 200	kg/d
TN	1 050	kg/d
TP	141	kg/d

三、工艺技术方案

干清粪便采用运粪车转运至堆粪棚制肥料、做基质或直接售卖；污水采用调节筛分固液分离后分为两路，一路进入两级厌氧发酵后进入回冲管路，另一路贮存集中后进入多级生物净化塘深度处理后作为水肥资源回用于种植业，非灌溉季节和丰水期，进一步好氧强化处理和多级塘生物净化后作为中水资源用于农田灌水；固液分离后的干物质送至晒场制牛床垫料。厌氧发酵系统前端新增保温增温设施提升系统发酵温度，保障寒冷季节的系统运行。

工艺流程：

牛场粪污、夏季喷淋水和挤奶厅污水经回冲管网进入粪污收集沟经格栅过滤后进入调节池。调节池的粪污由筛分系统筛分，约50%固形物分离，该固形物含水率在80%左右，被送至晾晒场晒干后作为牛床垫料；剩余的干物质与水混合进入暂存池，取120m^3进入厌氧发酵深度处理系统进行去除TS深度处理，经过USR和UASB两级处理和好氧脱氮处理后作为回冲稀释备用水。多余的水由暂存池分流至污水贮存池作为灌溉季节的肥水使用，该部分水在非灌溉季节通过多级生物塘深度净化处理，通过混灌池的配水应用于种植业（图4-2）。雨季由运动场和暴雨径流产生的雨季污水直接由雨水沟引至污水贮存池处理。运动场和育成牛舍的干清粪则由运粪车输送至堆粪场堆沤腐熟或直接售卖，牛粪可用作制备有机肥、食用菌种植基质或用作蚯蚓养殖基质，最终与种植业结合，发挥粪污独有的肥料作用。

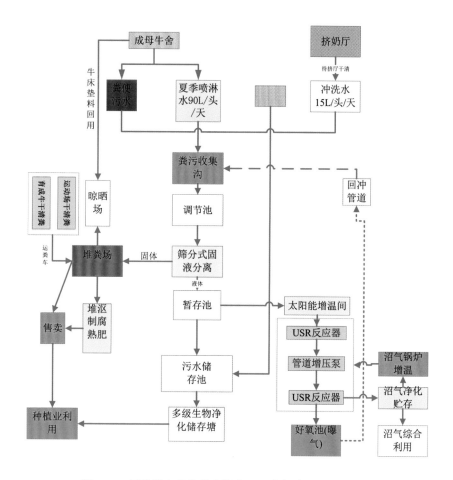

图 4-2　天津嘉立荷牧业有限公司示范奶牛场工艺流程图

四、项目主要建设内容

多级生物净化塘24 048 m³、污水贮存池10 040 m³、组合处理池1 113.6 m³、路面硬化263 m²、提升泵、导流管、搪瓷钢板拼装罐、加热盘管、循环搅拌装置、罐顶膜式贮气柜、气柜控制系统、正负压保护器、不锈钢布水系统、气水分离器、沼气自动增压系统、脱硫器等配套设施设备（图 4-3、图 4-4、图 4-5、图 4-6、图 4-7、图 4-8、图 4-9）。

图 4-3　多级生物净化塘 1

图 4-4　多级生物净化塘 2

图 4-5 多级生物净化塘 3

图 4-6 好氧池

图 4-7 罐顶储气膜

图 4-8 拼装一体罐

图 4-9 污水贮存池

技术特点：

（1）基于水冲粪形式产生的高浓度废水，需要进行两级以上的厌氧发酵处理，基于养殖场规模大，废水产生量大，在不能及时被消纳的前提下，需要建立几个较大生物净化贮存塘，在净化水质的同时发挥废水在非灌溉季节的贮存周转作用。

（2）被水洗和固液分离后的粪渣中木质素、纤维素和半纤维素的含量较大，质地蓬松，是优质的回床垫料，废弃物被有效的资源化利用，减少了牛场在垫料购置上的成本投入。

（3）缺点：一次性投资巨大，一般占到整个奶牛场投资的 30% 左右，对于大型规模化奶牛场需要在建设初期就考虑到粪污处理的问题，并且部分设施需要专业人员进行管理和

维护

适用范围："牛—垫料—回冲/肥"模式适合于养殖规模较大的大型牧场，养殖废弃物产生量大，处理难度大，牛床本身可以很好的消纳牛粪制备的回床垫料，牛场需要有足够的土地来建立可存留日产废水量 180 倍以上的多级生物净化塘。

投资与运行费用：设备土建投资费用、日常运行管理费、设备维护费用、净化塘日常管理费、沼液利用运输费、牛粪日常翻堆运输费用。

 案例二　天津市宁河区茂清肉牛养殖场

一、基本情况

宁河区茂清肉牛养殖场，位于天津市宁河区芦台镇京山铁路南（东经 117°49′0″，北纬 39°17′33″）。全场年出栏肉牛 3 000 头。场区现有牛舍 18 栋，占地约 60 亩。采用干清粪工艺，粪便堆放在路边空地上，污水未经有效处理排至附近沟渠（图 4-10）。

图 4-10　宁河区茂清肉牛养殖场效果图

二、产排污量

根据设计最大养殖规模和第一次全国污染源普查《畜禽养殖业源产排污系数手册》核算标准，污染物估算见表 4-2。

表 4-2　茂清肉牛养殖场污染物估算

污染物质	产量	单位
粪便总产量	22.52	t/d
尿液产量	10.64	m³/d
污水产量	21.14	m³/d
COD	4 142.13	kg/d
TN	109.11	kg/d
TP	20.535	kg/d

三、工艺技术方案

固体粪便由清粪车清运至堆粪棚，经堆沤发酵后回田农用；污水经收集管网、格栅池、三级沉降池及自然生态沟逐级处理净化，由还田配水管道输送至可消纳农田（图 4-11）。

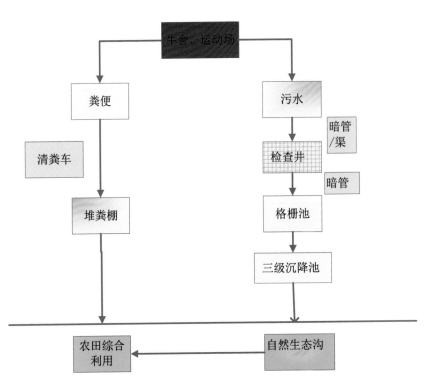

图 4-11　宁河区茂清肉牛养殖场工艺流程图

工艺说明：

该肉牛养殖场采用人工干清粪工艺，粪便通过清粪车推入堆粪棚内，堆沤腐熟后回田农用。源自牛舍和运动场的尿液及冲圈污水通过暗管—暗渠—检查井耦合的收集系统汇集至

天津市规模化畜禽养殖场粪污治理工程案例

格栅池。通过格栅，筛除杂草、牛毛及大块污泥后，污水进入三级沉降池，发生厌氧反应，有机污染物大分子颗粒分解为小分子颗粒，污水的可生化降解性大大提高，同时固体颗粒物质被沉淀；三级沉降池出水进入自然生态沟，污水中的有机污染物得到进一步降解。处理后由还田配水管道回田综合利用。

四、项目主要建设内容

项目主要建设内容：三级沉降池420 m³、格栅池80 m³、自然生态沟420 m³、污水暗渠1 080 m、堆粪棚450 m²、道路硬化800 m³；提升泵、微生物填料模块、人工浮床、排泥系统。粪便年处理量约为8 219.8吨，污水年处理量约为7 716.1吨。（图4-12、图4-13、图4-14、图4-15）

图4-12 原污水塘

图4-13 三级沉淀池

图4-14 生态沟

图4-15 三级沉淀池内部

技术特点：肉牛场由于不存在挤奶厅，运动场占地面积较奶牛场小或无运动场，水量较少，可直接采用简单的厌氧发酵贮存工艺进行处理；固体粪便可在堆放后出售或制成有机肥使用。

模式特点：以收集、暂存少量污水和粪便防渗、防雨、防漏为主要目的；污水管道或暗渠需做到方便清淤、水流通畅，并在主要反应池前完善格栅、沉淀等步骤。粪便堆放处要便于车辆运输。

适用范围：年出栏5 000头以下的规模化肉牛场。

投资与运行费用：设备土建投资费用、运输车辆维护费用、沼液利用运输费、粪便运输费。

案例三 天津嘉立荷畜牧有限公司第十四奶牛场

一、基本情况

天津嘉立荷牧业有限公司第十四奶牛场隶属于天津农垦集团，坐落在天津市滨海新区小王庄镇。场区占地350亩，建有一个生产区、一个办公生活区、一个饲料储藏区和一个粪污处理区。现饲养荷斯坦奶牛混合群2 400头，其中成母牛1 300头，后备牛1 100头（图4-16）。

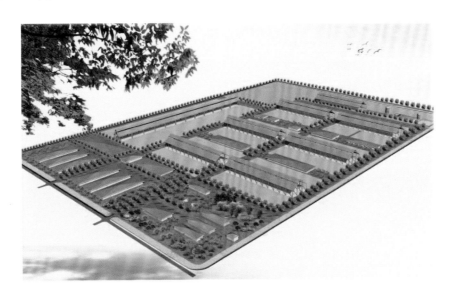

图 4-16 天津嘉立荷第十四奶牛场效果图

二、产排污量

根据设计最大养殖规模和第一次全国污染源普查《畜禽养殖业源产排污系数手册》核算标准，污染物估算见表4-3。

表 4-3　天津嘉立荷牧业有限公司第十四奶牛场污染物估算

污染物质	产　量	单　位
粪便总产量	43	t/d
污水产量	70	m³/d
COD	11769	kg/d
TN	490	kg/d
TP	65.5	kg/d

三、工艺技术方案

干清粪便采用运粪车转运至堆粪棚—高温腐熟—制肥料；污水采用格栅过滤—固液分离—厌氧发酵—好氧曝气后进入回冲管路；另外一部分污水通过厌氧塘—兼性塘—好氧塘—植物塘深度处理后，暂存于混灌池中用于农田灌水；固液分离后的干物质送至晒场制牛床垫料（图 4-17）。

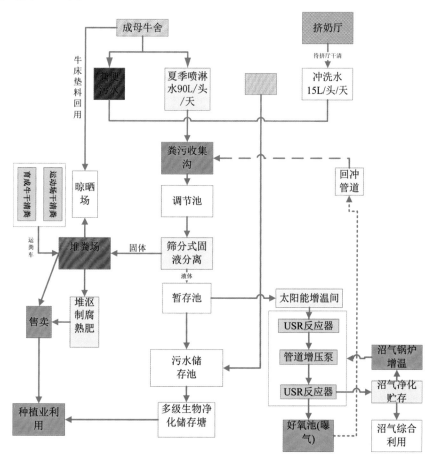

图 4-17　天津嘉立荷牧业有限公司第十四奶牛场工艺流程图

工艺说明：

牛场粪污、夏季喷淋水和挤奶厅污水经回冲管网进入粪污收集沟，经格栅过滤后进入调节池。调节池的粪污由筛分系统筛分，约50%固形物分离，该固形物含水率在80%左右，被运送至晾晒场晒干后可做牛床垫料；剩余的干物质与水混合进入暂存池，取70 m³进入厌氧发酵深度处理系统去除 TS，经过两级 USR 发酵和好氧脱氮处理后作为回冲稀释备用水。多余的水由暂存池分流至污水贮存池作为灌溉季节的肥水使用，该部分水在非灌溉季节通过多级生物塘深度净化处理，通过混灌池的配水应用于种植业。雨季由运动场和暴雨径流产生的雨季污水直接由雨水沟引至污水贮存池处理。

运动场干清粪和育成牛干清粪由运粪车输送至堆粪场直接售卖，也可以堆沤腐熟或制备有机肥、用作食用菌种植基质或蚯蚓养殖基质，最终与种植业结合，发挥粪污独有的肥料作用。

四、项目主要建设内容

污水处理工程设计最大进水量为 200 m³/d。主要建设有：综合处理池 442 m³、混灌池 128 m³、污水贮存池 7 168 m³、一级至五级生物塘 10 038 m³、一级 USR 厌氧反应器、搅拌机、加热盘管、电池流量计、提升泵、循环泵、排泥泵、罗茨风机、二级 USR 厌氧反应器、螺旋泵等相应配套设施设备（图 4-18、图 4-19、图 4-20、图 4-21）。

图 4-18　USR 反应器

图 4-19　生物脱硫

图 4-20　太阳能增温管

图 4-21　多级生物净化贮存塘

技术特点：厌氧多级、分段处理系统：针对不同浓度、不同处理目标的污水选用最合适的厌氧反应器多级、分级处理。

多级氧化塘：利用填料、微生物联合作用针对污水进行处理的大型贮存设施。

农田安全利用技术：针对不同类型种植类型、种植环境等因素，形成一套完善的沼液农田安全利用技术。

模式特点：为规模化畜禽养殖场粪污处理提供了一条明确的方向—变废为宝，利用粪污产生诸如沼气、沼液、有机肥等产品为农民增收，使养殖户乐于接受。该模式主要目的是种养一体化设计，经过整个生态链的循环，以真正实现规模化养殖场粪污"零排放"的原则。

缺点：一次性投资较大，需要专业人员进行管理和维护。

适用范围：本模式适合于自有大量农田/温室大棚/果蔬/林地的大中型（年存量超过1 000头）的规模化奶牛养殖场。

投资与运行费用：设备土建投资费用、日常运行管理费、设备维护费用、生物净化储存塘日常管理费、沼液利用运输费。

案例四　天津嘉立荷畜牧有限公司第五奶牛场

一、基本情况

天津嘉立荷畜牧有限公司第五奶牛场，位于天津市良王庄乡享福公路东（北纬39°0′060″，东经117°1′7.380″）。本奶牛养殖场存栏量约为2 000头，其中泌乳牛约为1 190头。场区占地约240亩，现有9栋牛舍，3栋后备牛舍，1栋犊牛舍，挤奶厅和待挤间各1栋。场区采用干清粪工艺，粪便机械清出，露天堆放在场南端大片空地上待售卖；牛舍、运动场的污水和尿液由运动场一圈明沟收集后外排至场西南端贮存塘中，挤奶厅和待挤间产生的污水由地下管道收集后亦外排至场西南端贮存塘中（图4-22）。

图 4-22　天津嘉立荷牧业有限公司第五奶牛场效果图

二、产排污量

根据设计最大养殖规模和第一次全国污染源普查《畜禽养殖业源产排污系数手册》核算标准，污染物估算见表 4-4。

表 4-4　天津嘉立荷畜牧有限公司第五奶牛场污染物估算

污染物质	产　量	单　位
粪便总产量	51.1	t/d
尿液产量	22.3	m^3/d
污水产量	141.67	m^3/d
COD	10 187.0	kg/d
TN	424.9	kg/d
TP	57.1	kg/d

三、工艺技术方案

场区内外雨污分流，牛场粪污采用干清粪工艺，拟在场内现有闲置空地上新建堆粪棚，粪便由清粪车输送至堆粪棚直接售卖；基于现有污水收集管网改造，挤奶厅的污水由污水暗渠收集后输送至场区闲置沟渠上新建的集污池中，经固液分离后送至初沉池和两级气浮进行进一步的固液分离，然后提升至厌氧反应器中，经过厌氧发酵后进入 EBIS 系统、后混凝沉淀池以及 Fenton 系统，去除大量的有机污染物质，以减少污水所需的消纳土地量，处理后的出水进入稳定塘存放，在农灌季节经回用水泵、配水管道还田农用。必要道路硬化，脏净道分离（图4-23）。

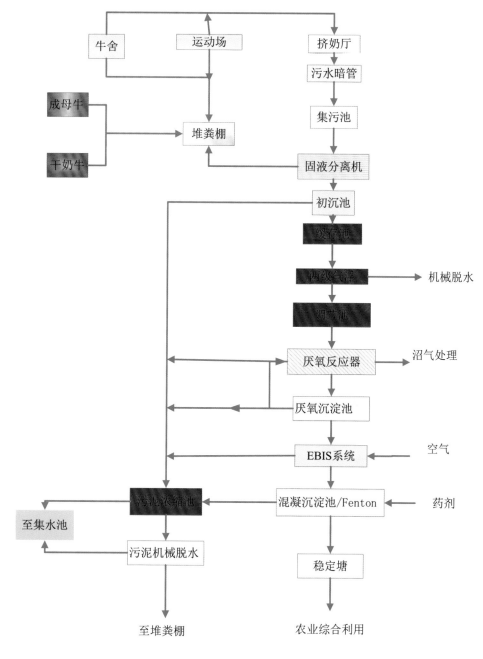

图 4-23 天津嘉立荷畜牧有限公司第五奶牛场工艺流程图

工艺说明：

牛场采用干清粪工艺，粪便和污水分别收集、处理和利用。成母牛、干奶牛和后备牛在牛舍和运动场产生的干粪，便通过机械清粪车运至堆粪棚直接售卖。

来自挤奶厅的污水（含待挤区的少量粪便）经暗渠收集后进入集污池；集污池出水经

泵提升进入固液分离机；经固液分离机分离后的污水，首先进入初沉池，进一步截留固液分离机未能分离的 SS，初沉池上清液自流进入缓存池，缓存池出水通过泵提升进入两级气浮（两级气浮之间有中间水池，池内设置提升泵），继续进行固液分离；经气浮处理后的出水自流进入调节池，调节池池内设置潜水搅拌机和潜污泵，在调节池内进行水质、水量的均匀调节以及为后续处理单元创造条件（如温度、pH 值、营养物等）。调节池出水通过泵提升至由厌氧反应器和厌氧沉淀池组成的厌氧处理系统，降解有机污染物浓度并产生沼气，厌氧沉淀池设置污泥回流泵，可以补充厌氧反应器缺失的污泥并定期排放剩余污泥。厌氧沉淀池出水自流入 EBIS 好氧处理系统，EBIS 系统的进水区与大比倍回流的混合液（已经经过处理的污水）迅速混合均匀后，循环进入曝气区进行处理，通过控制曝气池中的溶解氧，利用微生物完成对 COD、氨氮、总氮等污染物的降解，之后污水进入沉淀区进行泥水分离，污泥回流至进水区与进水混合，清水由上部的集水槽收集，EBIS 出水进入到后混凝沉淀池（特殊情况下 EBIS 出水先进入后混凝沉淀池后再进入 Fenton 系统去除有机污染物质），通过投加化学药剂去除部分总磷及部分悬浮物后流入稳定塘，经回用水泵按需回用。

初沉池产生的初沉污泥、厌氧处理系统产生的剩余污泥、EBIS 系统剩余污泥、后混凝沉淀池以及 Fenton 系统产生的物化污泥，首先流入污泥浓缩池中，再泵入污泥脱水设施；一级气浮、二级气浮产生的浮渣，先进入浮渣池，再泵入污泥脱水设施。经脱水后的干泥，转运至堆粪棚，和干清粪污混合做固肥还田。

厌氧处理系统产生的沼气经贮存、净化后用于锅炉燃烧，产生的热量用于自身加热，以保证系统稳定运行。

四、项目主要建设内容

主要建设内容有：堆粪棚 1 545 m²、稳定塘 2 262 m³、Fenton 池 88 m³、混凝沉淀池 95 m³、厌氧沉淀池 60 m³、调节池 125 m³、初沉池 138 m³、污水暗管 800 m、预处理系统、厌氧及附属系统、EBIS 及附属系统、Fenton 系统、污泥处理系统。年粪污处理量：粪便约为 18 651.5 t，污水约为 51 709.55 t（图 4-24、图 4-25、图 4-26、图 4-27、图 4-28、图 4-29）。

图 4-24　堆粪棚

图 4-25　稳定塘

图 4-26　固液分离系统

图 4-27　EBIS 池加热系统

图 4-28　Fenton 排泥系统

图 4-29　Fenton 加药系统

技术特点：

厌氧多级、分段处理系统：针对不同浓度、不同处理目标的污水选用最合适的厌氧反应器多级、分级处理。

气浮工艺：利用常规的沉淀工艺针对污水进行处理，减少后期厌氧反应器的压力，将固液分离步骤提前。

EBIS 技术：以先进的同步硝化反硝化脱氮理论为基础的高效一体化生物处理系统，通过控制曝气池溶解氧（0~0.5 mg/L）在单一池体内完成对有机物的去除，实现了硝化反硝化的同步进行，其中短程硝化反硝化占有相当比重，该系统不仅简化了系统脱氮的运行流程、节约了能耗、降低了对碳源的需求，同时也避免了由于硝态氮累积带来的不利影响。

模式特点

（1）为规模化畜禽养殖场粪污处理提供了一条达标排放的道路，通过前期加强沉淀处理、后期较为先进的工业处理方法，将污水处理至可安全贮存的地步，缩减贮存池体积。

（2）本模式主要目的是种养一体化设计，经过整个生态链的循环，以真正实现规模化养殖场粪污"零排放"的原则。

（3）缺点：一次性投资较大，需要专业人员进行管理和维护，EBIS 系统稳定性尚待研究。

适用范围：该模式适合于自由大量农田/温室大棚/果蔬/林地的大中型（年存量超过1 000头）的规模化奶牛养殖场。

投资与运行费用：设备土建投资费用、日常运行管理费、设备维护费用、稳定塘日常管理费、沼液利用运输费。

案例五　天津市静海区兴益发奶牛养殖场

一、基本情况

天津市静海区兴益发奶牛养殖场，位于天津市中旺镇清河村（东经117°7′52.752″，北纬38°42′59.112″）。该奶牛养殖小区存栏量约为1 350头，其中泌乳牛约为650头。场区占地约200亩，现有牛舍12栋，挤奶厅和待挤间各1栋，干草间19栋（图4-30）。

图4-30　天津市静海区兴益发奶牛养殖场效果图

二、产排污量

根据设计最大养殖规模和第一次全国污染源普查《畜禽养殖业源产排污系数手册》核算标准，污染物估算见表4-5。

表 4-5　静海区兴益发奶牛养殖场污染物估算

污染物质	产　量	单　位
粪便总产量	31.7	t/d
污水产量	73.5	m³/d
COD	6 300.6	kg/d
TN	263.4	kg/d
TP	34.9	kg/d

三、工艺技术方案

　　场区内外雨污分流，牛场粪污采用干清粪工艺，拟在场内闲置空地上新建堆粪棚，粪便由清粪车输送至堆粪棚，堆沤腐熟发酵后农用；基于现有污水收集管网，挤奶厅和待挤间的污水由地下暗管收集后输送至场区闲置沟渠上新建的匀浆池中，经固液分离机筛分后送至新建的厌氧发酵池，经过厌氧发酵后进入污水贮存池存放，在农灌季节进入菌藻塘深度净化，经配水管道还田农用。必要道路硬化，脏净道分离（图 4-31）。

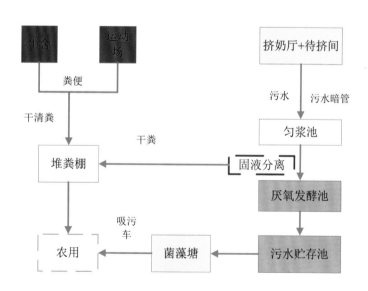

图 4-31　天津市静海区兴益发奶牛养殖场工艺流程图

　　牛场采用干清粪工艺，粪便和污水分别收集、分别处理和利用。粪便通过清粪车运至堆粪棚，集中堆沤发酵后农用。

　　挤奶厅和待挤间的污水经地下暗管收集后输送至场区东北面，在闲置沟渠空地处依次新建匀浆池调节水量和水质，经固液分离后干粪运至堆粪棚，污水则进入厌氧发酵池发酵处理降解有机污染物，然后进入污水贮存池存放，待农灌季节进入菌藻塘深度净化，待农灌季节兑水稀释至对应浓度下后肥田，以满足在灌溉季节施肥、非灌溉季节收纳贮存，实现粪污资源化利用；同时避免污水外排造成的环境污染，达到减排目的。

四、项目主要建设内容

污水暗管 120 m、检查井 15 座、匀浆池 60 m³、厌氧发酵池 640 m³、污水贮存池 800 m³、路面硬化 360 m²、菌藻塘 240 m³；固液分离机、排泥系统、微生物填料模块、吸粪车。（图 4-32、图 4-33、图 4-34、图 4-35、图 4-36、图 4-37）

图 4-32　原排水口

图 4-33　场区空地

图 4-34　污水贮存池

图 4-35　堆粪棚

图 4-36　固液分离机

图 4-37　匀浆池

技术特点：

优点： 通过暗沟、管道将污水收集，利用厌氧发酵、简单贮存为主要处理手段，投资小，液态肥肥效保持效果好，管理方便。

缺点： 处理效果稳定性较沼气工程差，适用范围小。

适用范围： 年存栏小于1 000头奶牛当量、具有一定农用面积的个体规模化养殖户或养殖场。

投资与运行费用： 设备土建投资费用、清淤费、少量沼液泵送费。

 案例六　天津市恒康奶牛养殖场

一、基本情况

东棘坨镇恒康奶牛场，位于天津市宁河区东棘坨镇大港村。全场年存栏奶牛1 000头。场区占地104亩，现有现代化牛舍1栋，散栏10栋，散栏预计全部改为现代化牛舍。牛场年存栏量为1 000头，粪便年产量约为10 000 t，污水年产量约为16 000 t。采用人工干清粪工艺，粪便堆放在场区的空地上，污水流入环场区的防疫沟内。现无专用粪污收储或处理设施，需进一步完善（图4-38）。

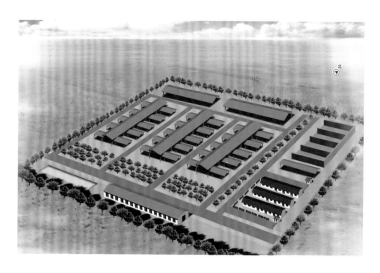

图 4-38　天津市恒康奶牛养殖场效果图

二、产排污量

根据设计最大养殖规模和第一次全国污染源普查《畜禽养殖业源产排污系数手册》核

算标准，污染物估算见表4-6。

表 4-6　天津市恒康奶牛养殖场污染物估算

污染物质	产　量	单　位
粪便总产量	27.5	t/d
污水产量	44.4	m³/d
COD	5 467.3	kg/d
TN	228.5	kg/d
TP	31.1	kg/d

三、工艺技术方案

该养殖场采用人工干清粪工艺，粪便通过清粪车推入堆粪棚内，等待农业利用。在夏季喷淋较多、牛饮水较多的情况下，将粪便堆放至晾晒场风干。

挤奶厅污水通过污水暗管将进入调节池内，经过固液分离后的固体进入堆粪棚，液体进入PFR反应器，经厌氧发酵后提升至进入污水贮存池，经提升在跌水曝气池进行好氧曝气后溢流至生态塘，储存一定时间后用于农业利用（图4-39）。

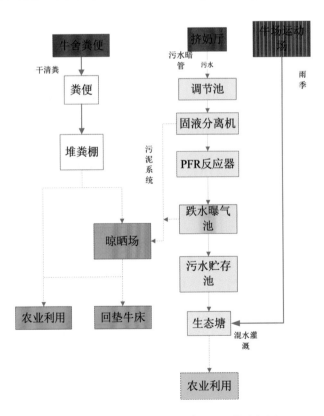

图 4-39　天津市恒康奶牛养殖场工艺流程图

四、项目主要建设内容

污水暗管 560 m、检查井 15 座、调节池 22 m³、堆粪棚 200 m²、晾晒场 200 m²、生态塘 560 m³、污水贮存池 180 m³、跌水曝气池 48 m³；PFR 反应器、提升泵、排泥系统、微生物填料模块、自动控制系统、固液分离机（图 4-40、图 4-41、图 4-42、图 4-43）。

图 4-40　污水贮存池

图 4-41　生态塘

图 4-42　固液分离机

图 4-43　PFR 反应器

主要建设内容图片：生态塘、污水贮存池、跌水曝气池、PFR 反应器。

技术特点： 规模化奶牛小区大多采取各自养殖、集中挤奶的方式进行运作，各养殖分区饲养水平难以保持一致，粪污的性状各有区别，日常冲洗水较少，故主要处理重点在挤奶厅和粪便收集堆放。小区型奶牛场挤奶厅水量较规模化养殖场少，可采用简单的厌氧发酵—好氧曝气—贮存工艺进行处理；固体粪便可在堆放后出售或制成有机肥使用。

模式特点： 以厌氧发酵—好氧曝气—贮存工艺处理污水和粪便防渗、防雨、防漏为主要目的；污水管道或暗渠需做到方便清淤、水流通畅，并在主要反应池前完善固液分离、水质调节等步骤。粪便堆放处要便于车辆运输。

适用范围： 年存栏 2 000 头以下的规模化肉牛场。

投资与运行费用： 设备土建投资费用、日常运行管理费、设备维护费用、生态塘日常管理费、运输车辆维护费用、沼液利用运输费、粪便运输费。

第四章　牛场粪污处理技术

93

案例七　天津市惠泽牧业有限公司

一、基本情况

天津市惠泽牧业有限公司，位于天津市滨海新区北大港农场。养殖量为 500 头，其中成母牛 300 头，育成牛 200 头。场区内有奶牛舍 2 座，后备牛舍一座，犊牛舍一座。场区内现阶段采取"干清粪加回水冲粪"工艺（图 4-44）。

图 4-44　天津市惠泽牧业有限公司效果图

二、产排污量

根据设计最大养殖规模和第一次全国污染源普查《畜禽养殖业源产排污系数手册》核算标准，污染物估算见表 4-7。

表 4-7　天津市惠泽牧业有限公司污染物估算

污染物质	产　量	单　位
粪便总产量	13.2	t/d
尿液产量	5.7	m^3/d
污水产量	30	m^3/d
COD	2 621	kg/d
TN	109.3	kg/d
TP	14.7	kg/d

天津市规模化畜禽养殖场粪污治理工程 案例

三、工艺技术方案

工艺说明：

由于本场已有固液分离设施，故不再重复设计。建议将粪污管道改为密封式，上端高于地面 100 mm，防止雨水倒灌，实现雨污分离。奶厅产生的废水对粪污管道内的粪污进行回冲，达到匀浆池。固液分离机定期抽取匀浆池内的污水进行固液分离。分离后的固体部分进入堆粪场，进过一段时间的发酵后直接售卖或作为牛床垫料或回用于农田。

分离后的污水通过水泵输送至水解酸化池内暂存，然后自流入 PFR 厌氧反应器内。PFR 厌氧反应器内部有折流板以增加其厌氧效率。厌氧反应器内的污水在反应 15~20 天后进入沉降池。将场区西侧防疫沟进行改造，改为贮水沟渠和生态水渠，铺上防渗膜，用于收集经好氧曝气池排出的污水，储存一定时间后通过吸粪车或建设泵站回用于农业利用（图 4-45）。

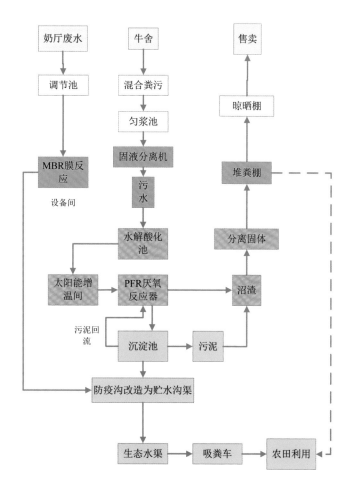

图 4-45　天津市惠泽牧业有限公司工艺流程图

四、项目主要建设内容

项目主要建设内容包括：水解酸化池109 m³、沉淀池100 m³、生态水6 525 m、调节池16 m³、贮水沟渠1 575 m、晾晒棚1 035 m²、路面硬化1 690 m²；提升泵、吸粪车、污泥泵、MBR膜反应器（图4-46、图4-47、图4-48、图4-49、图4-50）。

图4-46　贮水沟渠

图4-47　水解酸化池

图4-48　PFR厌氧反应器

图4-49　固液分离机

图4-50　MBR膜反应器

技术特点：该场采用清粪机器将牛舍内的粪便清入舍一端的漏粪地板内，清完后再进行地面的冲洗；挤奶厅的污水通过一个小型暂存池贮存后用于冲洗漏粪地板。所有粪便污水汇集到固液分离机前的匀浆池内，混合后进行固液分离。固液分离后的固体经晾晒棚和堆粪棚的堆放后用于农业利用。分离后的污水通过高差自流入水解酸化池内，二次沉淀和水解后进入 PFR 厌氧反应器。PFR 厌氧反应器用保温温室覆盖，定期清淤，产生的沼气由于量小和不稳定，不进行利用。PFR 厌氧反应器的出水经一级沉淀池沉淀后进入贮水沟渠内，通过藻类和植物进行深度处理；经降解的污水贮存入生态水渠内，满足贮存 3 个月的需求。

模式特点：采用地埋式的 PFR 反应器较罐式反应器节省空间，造价相对降低，运行维护方便，由于没有沼气使用环节，维护压力小，无须专业人员进场管护。

缺点：处理效果略低于罐式发酵罐，占地面积稍大。

适用范围：适合于自有部分农业用地进行特色种植/养殖的中小型（年存栏量小于 1 000 头）规模化奶牛养殖场。

投资与运行费用：设备土建投资费用、日常运行管理费、设备维护费用、净化塘日常管理费、沼液利用运输费、牛粪日常翻堆运输费用。

案例八　天津市宝坻区宏远奶牛养殖场

一、基本情况

天津市宝坻区宏远奶牛养殖场，位于天津市宝坻区大口屯镇金台，养殖规模 300 头。天津市宝坻区宏远奶牛养殖场采用干清粪工艺，粪便作为农家肥销售，粪便堆放于厂区中部（图 4-51）。

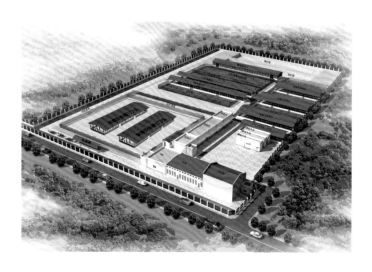

图 4-51　天津市宝坻区宏远奶牛养殖场效果图

二、产排污量

根据设计最大养殖规模和第一次全国污染源普查《畜禽养殖业源产排污系数手册》核算标准，污染物估算见下表4-8。

表 4-8　宝坻区宏远奶牛养殖场污染物估算

污染物质	产量	单位
粪便总产量	9.858	t/d
污水产量	3.957	m³/d
COD	1 960.605	kg/d
TN	82.269	kg/d
TP	11.481	kg/d

三、工艺技术方案

养殖场采用干清粪工艺，不与污水混合排出，从养殖规模和现状分析其适合种养一体模式—鼓励模式五。粪便集中送至堆放场进行简易堆存后外销；尿液、冲洗水等废水通过三级沉降固液分离后经集水池及一体化处理设备处理后，进入污水/尿液贮存池为肥水浇灌农田（图4-52）。

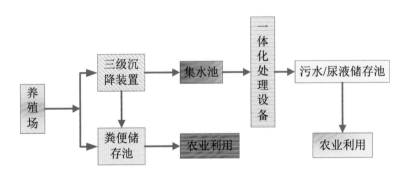

图 4-52　天津市宝坻区宏远奶牛养殖场工艺流程图

四、项目主要建设内容

粪便堆放能力为150 m³，尿污水处理设计储存能力为450 m³；建设内容主要有：收水管网220 m、三级沉淀池10 m³、污水贮存池550 m³、集水池48 m³、粪便贮存池195 m²；吸粪车、一体化处理设备（图4-53、图4-54、图4-55、图5-56）。

图 4-53 污水贮存池（一）

图 4-54 污水贮存池（二）

图 4-55 一体化设备

图 4-56 堆粪棚

技术特点：优点：采用碳钢结构一体化设施进行污水处理，该类工艺具有施工周期短、占地集约紧凑、工艺衔接灵活等特点。

缺点：因该场主要进行挤奶厅废水的处理，前端固液分离处理的效果将直接影响一体化处理设施的正常运转；污水处理量有限，不适宜废水量较大的奶牛养殖场；日常运行电耗很高。

适用范围：污水产生量小，场区可利用空间不足、施工工期紧张或地下水位较高不利土建施工等情况。

第二节　循环利用处理技术应用实例

案例　天津神驰农牧发展有限公司

一、基本情况

天津神驰农牧发展有限公司坐落在天津市滨海新区大港中塘镇甜水井村大赵路以东，占地370亩，建筑面积59 800 m²，设计存栏2 224头。场区附近有苜蓿地8 000亩，玉米地2 000亩，绿化植树1 000亩。环场区有一圈宽6 m，深4 m的防疫沟，防疫沟外是周边农田的灌溉水渠（图4-57）。

图4-57　神驰农牧奶牛养殖基地效果图

二、产排污量

根据设计最大养殖规模和第一次全国污染源普查《畜禽养殖业源产排污系数手册》核算标准，污染物估算见表4-9。

表 4-9　天津市神驰农牧发展有限公司污染物估算

污染物质	产　量	单　位
粪便总产量	44.05	t/d
尿液产量	17.88	m³/d
污水产量	132	m³/d
COD	8 763.72	kg/d
TN	367.45	kg/d
TP	51.04	kg/d

三、工艺技术方案

挤奶厅和待挤厅的低浓冲洗废水经管网进入格栅和集水井，再进入调节池。牛舍内改用水冲粪模式，大量污水和粪便混合后进入 BRU 系统。BRU 系统由一台固液分离机和一个好氧固态发酵罐组成，通过固液分离将固体输送到好氧固态发酵罐内好氧发酵高温发酵20 小时左右，出料直接回垫牛床。固液分离后的液体进入多级沉淀池沉淀后，进入厌氧储存塘，通过 3 个月以上的污水贮存后混水进入周边自有农田内（图 4-58）。

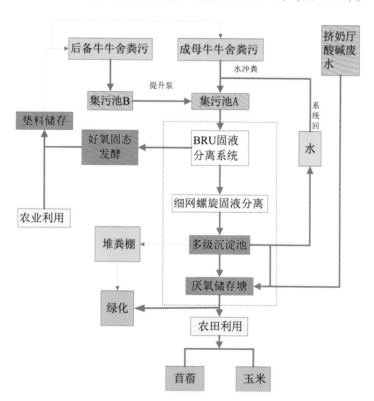

图 4-58　天津市神驰农牧发展有限公司工艺流程图

四、项目建设主要内容

主要设施设备包括：牛舍混泥土排粪沟1 600 m²、水冲粪暗管600 m²、集污池400 m³、多级沉淀池450 m³、厌氧储存塘22 000 m³、堆粪棚1 000 m²、细网固液分离机、BRU系统、提升泵，潜水搅拌机、排泥泵、施肥系统、回灌车、切割潜水泵（图4-59、图4-60、图4-61、图4-62、图4-63）。

图4-59 厌氧储存塘总览图

图4-60 厌氧储存塘

图4-61 成品牛床垫料

图4-62 细网固液分离机

图4-63 BRU系统

技术特点：奶牛舍内粪污采用水冲粪工艺，牛舍内粪污用冲粪系统推送至粪沟。运动场粪污经人工+机械收集后送至有机肥堆肥场，与 BRU 系统分开。粪沟的污水自流至集污池，集污池内装有搅拌器，粪污经搅拌器搅拌均匀后，由切割泵送物料至 BRU 系统，物料在 BRU 系统经过固液分离、高温好氧自发酵、杀菌、除湿，最终形成牛床可以使用的垫料。固液分离生成的液体部分自流至出料池，出料池中设有搅拌器，出水经固液分离机汇集至贮存池，贮存池分流部分污水回冲集污管沟，大部分进入多级沉淀厌氧池。挤奶厅酸碱肥水经预处理后，单独进入 MBR 系统，膜生物反应器（MBR）可降解有机质，进一步净化废水。处理后的肥水通过进口灌溉系统对周边青贮饲料种植区进行灌溉，施肥系统效率高、能耗少，节省人力资源。

模式特点：天津神驰农牧发展有限公司带动周边养殖和种植户5 300户，组织农民规模化种植青丝7 600亩，同时，每年可向农民收购玉米3 500吨、秸秆59 800吨、苜蓿2 700吨、干草2 200吨、大豆、棉籽、胡萝卜5 300吨，粪污系统能够有效改善外部环境，控制和减少环境污染，加快企业发展速度，提高社会总产值，实现治污与致富同步、环保与创收双赢。公司建立了一套从前端预防、过程减量控制、末端资源化利用的规模化畜禽养殖污染防控的体系，对改善周边生态环境，保障农产品安全供应，推动地方社会经济与生态环境可持续发展均具有重要意义。

缺点：一次性投资大，设备设施占地面积较大，运行管护费用高。

适用范围：适合于无能源需求、自有大量农业用地进行特色种植/养殖的大中型（年存栏量大于1 000头）规模化奶牛养殖场。

投资与运行费用：设备土建投资费用、日常运行管理费、设备维护费用、沼液利用运输费。

第三节 纳管排放模式应用实例

案例 天津市今日健康乳业有限公司

一、基本情况

天津市今日健康乳业有限公司是梦得集团的子公司，位于天津市北辰区双口镇立新园林农场内，占地700亩，建有研发中心和试验牛舍，研发中心配有先进的实验室仪器设备，包括全套奶牛胚胎移植设备，奶牛饲养常规化验设施，目前存栏量为4 000头奶牛，其中成年母牛2 200头，青年牛和小牛1 800头（图4-64）。

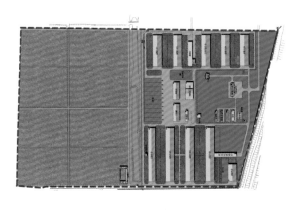

图4-64 天津市今日健康乳业有限公司效果图

二、产排污量

根据设计最大养殖规模和第一次全国污染源普查《畜禽养殖业源产排污系数手册》核

算标准，污染物估算见表 4-10。

表 4-10　天津市今日健康乳业有限公司污染物估算

污染物质	产　量	单　位
粪便总产量	64	t/d
污水产量	200	m^3/d
COD	12 778.25	kg/d
TN	533.03	kg/d
TP	71.72	kg/d

三、工艺技术方案

（1）污水处理路线

牛舍污水首先进入收集池，然后通过提升泵至螺旋挤压分离机进行固液分离，分离后的水进入搅拌式匀浆池调节浓度。随后由发酵罐厌氧发酵并进行二次固液分离，分离水与挤奶厅废水一同进入酸化调节池。由调节池处理后污水进入二级 CSTR 反应器再次发酵降解，发酵后自流到 SASS 池，SASS 工艺是选择优势微生物群体达到生物脱氮的目的。污水经过生物降解后进入混凝沉淀池泥水分离，沉淀污泥打入污泥浓缩池，污水经过稳定塘和臭氧消毒后达到排放标准，其中一部分回冲挤奶厅，其他的进入天津城市污水管网，该场也是天津唯一授权进入官网的奶牛场（图 4-65）。

（2）污泥处理路线

在整个工艺路线中，有四处排泥：发酵罐、CSTR、二沉池和混凝沉淀池，产生的污泥自流排入污泥浓缩池，由污泥泵打入卧式离心分离机进行污泥脱水。

（3）沼气处理路线

发酵罐和 CSTR 反应器所产沼气经过水封罐后，首先进入气水分离器，然后进入脱硫罐，经调压后进入气煤两用锅炉或沼气发电机利用。

（4）废渣处理

牛舍粪污经固液分离后产生的粪渣经好氧堆肥处理后用作牛床垫料。

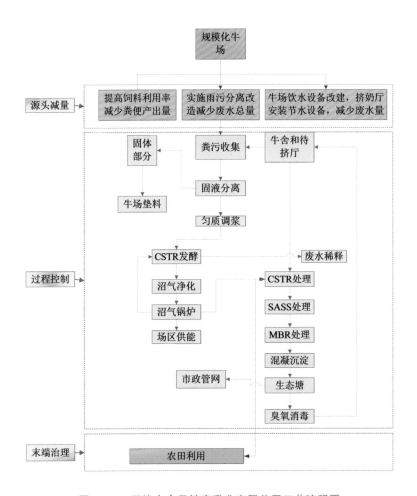

图4-65　天津市今日健康乳业有限公司工艺流程图

四、项目主要建设内容

主要建设内容包括：粪便贮存池1 750 m³、污水贮存池5 250 m³、收水沟渠4 000 m、运输车、提升泵（图4-66、图4-67、图4-68、图4-69、图4-70、图4-71、图4-72、图4-73、图4-74、图4-75、图4-76、图4-77）。

图4-66　工程总览

图4-67　出水池、收集池和调节池

图 4-68　固液分离机

图 4-69　固液分离机及机房

图 4-70　匀浆池、中间池、贮存池和进料池

图 4-71　两级厌氧发酵反应器

图 4-72　净化间析室等联合用房

图 4-73　SASS 深度处理池

图 4-74　二沉池

图 4-75　混凝沉淀池

图 4-76　锅炉房

图 4-77　三级生物净化塘

技术特点：

达标排放模式：该模式的工艺结构复杂，环环相扣，通过"源头控制—过程减量—末端消纳"的处理路线，严格处理达标后汇入污水管网。

牛场中水回用系统：污水经厌氧发酵、好氧深度处理、膜反应器、混凝沉淀等深度处理步骤后进行臭氧消毒，最终用于牛舍和待挤厅的地面冲洗，为奶牛场节省大量用水。

养殖场采用干清粪工艺，粪便集中送至堆放场进行堆存，尿液、冲洗水等废水通过二级沉淀固液分离后收集到集水井和调节池，通过水泵抽入厌氧发酵系统，产生的沼气可作为燃料利用，粪渣、沼渣送入堆放场处理，经厌氧处理后的出水自流进入中间水池，出水经提升泵及管道系统送入好氧处理系统进一步处理，根据好氧出水水质情况，可直接作为回用水加以利用，或再经泵或自流送入人工湿地系统进一步处理后进行鱼类养殖用水等资源化利用。厌氧及好氧处理系统产生的污泥将进入堆肥场进行堆肥处理。

模式特点：

纳管排放模式引进了全过程控制的新型粪污处理模式，结合多种先进处理工艺，保证出水水质。

纳管排放模式使养殖场每年减少粪便污染物排放 12 万吨，产生的沼气代替了部分原煤燃烧，减少了二氧化氮等有害气体排放；发酵肥与肥液代替了部分化肥使用，创造了可观的经济效益与生态效益。粪污通过固液分离与厌氧—好氧分级处理的技术工艺，在严格处理达标后汇入天津污水管网，由此，厂区环境得到明显改善，对当地水源保护、改善农业生产生活环境起到显著作用。

适用范围：纳管排放模式适合于无/少量自有农业用地的大中型（年存栏量小于1 000头）规模化奶牛养殖场。

投资与运行费用：设备土建投资费用、日常运行管理费、设备维护费用、生态塘日常管理费、污水纳管费、牛粪日常翻堆运输费用。

第五章

禽类粪污处理技术

第一节　蛋鸡粪污处理技术应用实例

　**案例一　百胜蛋鸡养殖合作社**

一、基本情况

百胜蛋鸡养殖合作社，位于天津市滨海新区中塘镇杨柳庄村，共有鸡舍3栋，配备层叠式自动化笼养设备。鸡场为蛋鸡场，养殖总量为100 000羽，其中育雏、育成鸡60 000羽，产蛋鸡40 000羽。饲料自制，厂区采用干清粪养殖工艺，现有粪污收集通过污道进入场区的有机肥生产车间，无污水处理设施（图5-1）。

图5-1　百胜蛋鸡产业园效果图

二、产排污量

根据设计最大养殖规模和第一次全国污染源普查《畜禽养殖业源产排污系数手册》核

算标准，污染物估算见表 5-1。

表 5-1 百胜蛋鸡养殖合作社污染物估算

污染物质	产　量	单　位
粪便总产量	13.4	t/d
COD	2 225.8	kg/d
TN	111.6	kg/d
TP	32.4	kg/d

三、工艺技术方案

干清粪便采用运粪车转运至堆粪棚—高温腐熟—制肥料或者直接售卖；夏季粪便较稀可以先进行固液分离，固液分离后的干物质可放置在堆粪棚或售卖，污水经过污水贮存池处理后为肥水浇灌农田（图 5-2）。

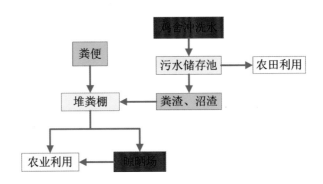

图 5-2　百胜蛋鸡养殖合作社工艺流程

该养殖场采用干清粪工艺，夏季（7 月、8 月、9 月）温度较高，鸡饮用水量增加一倍，粪便含水率提高，可利用传送带将其推入至每栋鸡舍的暂存池中，经提升后，将粪便转运到堆粪棚中，污水收集至贮存池中；每次转舍后清洗鸡舍的污水排放至污水贮存池中，沉淀处理 3 个月后可进行农业利用。其他季节，鸡粪含水率较低，可直接转运到堆粪棚，经过堆肥腐熟后制成农家肥，出售给周边从事蔬菜大棚种植的农户或者有机肥生产厂。

四、项目主要建设内容

污水贮存池 461 m³、路面硬化 163 m²、雨污管网 302 m、堆粪棚 163 m²、晒晒场 1 200 m²、雨水井 14 座；吸粪车（图 5-3、图 5-4）。

图 5-3　堆粪棚

图 5-4　晾晒场

技术特点：该养殖场自有林地果园约 100 亩，周边有超过 500 亩果园，针对该场的粪污消纳情况，在场内设面积较大的晾晒场，方便养殖场粪便自用。养殖场污水主要来源于冲洗用水，直接通过管道引入污水贮存池内贮存 3 个月以上后进行农业利用。

模式特点：以厌氧发酵贮存工艺处理污水和粪便农田利用为主要目的；完善鸡舍出粪口的防渗和管道布置，对含水量较高的鸡粪进行晾晒预处理。

适用范围：年存栏量100 000羽以下的规模化蛋鸡场。

投资与运行费用：设备土建投资费用、日常运行管理费、运输车辆维护费用、沼液利用运输费、粪便运输费。

案例二　天津市宝坻区旭亮家禽养殖专业合作社

一、基本情况

天津市宝坻区旭亮家禽养殖专业合作社常年存栏蛋鸡约为65 000羽。该合作社占地 23 亩，年向社会提供优质商品蛋1 160吨。现已引进并安装了先进的仪器设备：笼架 325 组，自动喂料系统 4 套，自动清粪系统 4 套，乳头供水系统 4 套。通风控温系统：节能风机 20 台、湿帘 150 m²、电器控制系统 4 套（图5-5）。

图 5-5 天津市宝坻区旭亮家禽养殖专业合作社效果图

二、产排污量

根据设计最大养殖规模和第一次全国污染源普查《畜禽养殖业源产排污系数手册》核算标准，污染物估算见表 5-2。

表 5-2 宝坻区旭亮家禽养殖专业合作社污染物估算

污染物质	产 量	单 位
粪便总产量	11.05	t/d
COD	1 777.75	kg/d
TN	92.3	kg/d
TP	27.3	kg/d

三、工艺技术方案

该合作社常年存栏蛋鸡65 000羽。应配套粪便贮存池，有效容积不小于 130 m^3；钢砼结构污水/尿液贮存池，有效容积不小于 56 m^3；以及相应污水收集管道，管径不小于 500 mm。

养殖场采用干清粪工艺，粪便由自动刮粪机收集到综合粪便贮存池进行贮存，然后由运粪车运出农用。当夏季高温饮水多或其他原因造成粪便含水率较高时，鸡舍内粪便经刮粪板刮至综合粪便贮存池的地下贮粪池中，以便运输和使用。当粪便含水率不高时，综合粪便贮存池的地下贮粪池池顶设水泥盖板，刮粪板将鸡舍内粪便刮至盖板上，堆存发酵后农用。冲洗鸡舍的污水经贮粪池及管道收集至污水/尿液贮存池，稳定后农用（图5-6）。

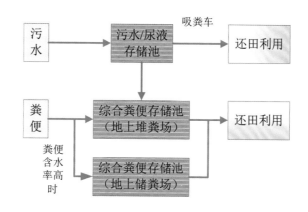

图5-6 天津市宝坻区旭亮家禽养殖专业合作社工艺流程图

四、项目主要建设内容

该项目建设后年处理粪便3 945.5吨、污废水112 m³。项目具体建设内容包括：综合粪便贮存池164 m²、脏净道路面硬化400 m²、污水贮存池24 m³；固液分离机、抽粪泵、吸粪车、粪便清运车（图5-7、图5-8、图5-9、图5-10）。

图5-7 建设前

图5-8 建设后总览

图5-9 综合粪便贮存池

图5-10 出粪口

技术特点：

优点：充分考虑家禽养殖行业两类主要粪污的特点；针对废水量少、季节性排放的特点，进行简易存储、还田处理；利用粪便贮存池的建筑设计特点，使固体粪污夏季含水率高的问题得到缓解，有利于固体粪污的下一步处理；清粪通道与贮存池通过自动清粪设施实现连通，与外环境相对隔绝减少了场区恶臭气味的扩散。

缺点：地下贮存池有利于含水率较高粪便的储存，但同时不利于水分的蒸发，需要辅助机械设备如干湿分离机。

适用范围：禽类养殖场；场区较人类密集区较近，周围对场区大气环境要求较高。

案例三　天津来达水产养殖有限公司

一、基本情况

天津来达水产养殖有限公司，位于天津市宁河区七里海镇东移民村（东经117°40′34″，北纬39°16′38″）。养殖规模60 000羽。粪便年产量约为3 723吨，污水年产量约为60吨。场区占地约30亩，现有鸡舍3栋。采用人工刮板干清粪工艺，粪便人工装清运车集中堆放外售（图5-11）。

图 5-11　天津来达水产养殖有限公司效果图

二、产排污量

根据设计最大养殖规模和第一次全国污染源普查《畜禽养殖业源产排污系数手册》核算标准，污染物估算见表5-3。

表5-3 天津来达水产养殖有限公司污染物估算

污染物质	产 量	单 位
粪便总产量	10.2	t/d
污水产量	60	m^3/次
COD	1 641	kg/d
TN	85.2	kg/d
TP	25.2	kg/d

三、工艺技术方案

干清粪便采用运粪车转运至粗发酵车间，经过腐熟发酵后回田农用；在每栋鸡舍的出粪口处新建暂存池，内部加装隔粪板，经固液分离后的固体物质送至粗发酵车间，污水经暂存池和污水贮存池收纳、贮存、沉淀后，由还田管道送至场区果园自用（图5-12）。

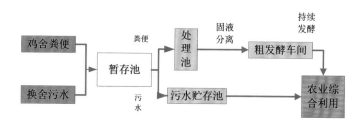

图5-12 天津来达水产养殖有限公司工艺流程图

该场采用干清粪工艺，利用刮粪板将其推入至每栋鸡舍的暂存池中，在暂存池上设置隔粪板，将隔粪板上的粪便固体清出，转运至粗发酵车间，用于农田；污水自流至贮存池中，经过沉淀、贮存后可由水泵将水抽出用于农业综合利用。

每次转舍后清洗鸡舍的污水排放至暂存池中，通过管道收集至污水贮存池中，经过沉淀后由还田配水管道输送至场区果园自用。

四、项目主要建设内容

暂存池26 m^3、污水贮存池240 m^3、粗发酵车间120 m^2、处理池10 m^3、污水暗管160 m、

检查井 8 座；固液分离机、隔粪板（图 5-13、图 5-14、图 5-15、图 5-16、图 5-17、图 5-18）。

图 5-13　场区原状

图 5-14　原清粪口

图 5-15　原排污沟

图 5-16　粪便贮存池

图 5-17　场区脏道硬化

图 5-18　污水贮存池

技术特点：该养殖场自有林地果园约 20 亩，周边有超过 500 亩果园，针对该场的粪污消纳情况，在场内设固液分离机提取干物质，并设置粗发酵车间方便养殖场自用。养殖场污水主要来源于冲洗用水，直接通过管道引入污水贮存池内贮存 3 个月以上后进行农业利用。

模式特点：以厌氧发酵贮存工艺处理污水和粪便农田利用为主要目的；完善鸡舍出粪口的防渗和管道布置，对含水量较高的鸡粪进行预处理。

适用范围：年存栏量100 000羽以下的规模化蛋鸡场。

投资与运行费用：设备土建投资费用、日常运行管理费、运输车辆维护费用、沼液利用运输费、粪便运输费。

 案例四 天津市正鑫种鸡孵化有限公司

一、基本情况

天津市正鑫种鸡孵化有限公司位于天津市蓟州区上仓镇郑家套村（东经117°23′19″，北纬39°56′6″），场区总占地面积26.5亩，现有总建筑面积5 900 m²，生产区包括6栋蛋鸡舍、1栋孵化车间和饲料储存间。采用自动刮板干清粪工艺，粪便人工装清运车集中堆放外售。养殖规模32 000羽。现无专用粪污收贮或处理设施，需要进一步完善（图5-19）。

图 5-19 天津市正鑫种鸡孵化有限公司效果图

二、产排污量

根据设计最大养殖规模和第一次全国污染源普查《畜禽养殖业源产排污系数手册》核算标准，污染物估算见表5-4。

表5-4　天津市正鑫种鸡孵化有限公司污染物估算

污染物质	产　量	单　位
粪便总产量	5.44	t/d
COD	875.2	kg/d
TN	45.44	kg/d
TP	13.44	kg/d

三、工艺技术方案

结合养殖场现有夏季粪便较稀不能售卖、雨污混合、脏净道不分等问题开展改造治理，实现粪污的有效分离和处理，切实解决养殖场对周边河道、地下水、农业用地、人居环境造成的环境危害，促进养殖场的良性循环。

干清粪便采用运粪车转运至干粪发酵间直接售卖或在干粪发酵间堆沤腐熟售卖；污水存于污水贮存池，由吸粪车为农田浇灌肥水（图5-20）。

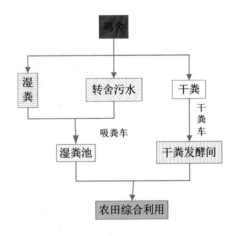

图5-20　天津市正鑫种鸡孵化有限公司工艺流程图

夏季（7月、8月、9月）温度较高，鸡饮用水量增加一倍，粪便含水率提高，鸡粪呈流体状，难以运输售卖，可利用刮粪板将其推入至每栋鸡舍的暂存池中，利用吸粪车收集到湿粪池，待沉淀发酵后，液体部分由吸粪车外送进行农业利用，固体部分由干粪车外送农业利用。

每次转舍后清洗鸡舍的污水排放至湿粪池贮存、发酵处理后配水农业利用。其他季节，鸡粪含水率较低，呈固体、可堆垛、便于运输，可直接运送到干粪发酵间，等待售卖。

四、主要建设内容

集污暗沟 300 m、干粪发酵间 50 m^2、湿粪池 180 m^3、路面硬化 400 m^2；干粪车、吸粪车（图 5-21）。

图 5-21 湿粪池

技术特点：利用深度不一的干湿粪便收集系统将特殊时期的粪便进行收集和晾晒，其他时间较为干燥的粪便单独贮存，达到固液分离的目的，较为适合小型鸡场。

模式特点：以厌氧发酵贮存工艺处理污水和粪便农田利用为主要目的；完善鸡舍出粪口的防渗和管道布置，对含水量较高的鸡粪进行预处理。

适用范围：年存栏量 100 000 羽以下的规模化蛋鸡场。

投资与运行费用：设备土建投资费用、日常运行管理费、运输车辆维护费用、沼液利用运输费、粪便运输费。

案例五 蓟州区肖怀鑫蛋鸡养殖场

一、基本情况

蓟州区肖怀鑫蛋鸡养殖场位于天津市蓟州区泗溜镇苏庄子村，场区总占地面积 9 亩，现有总建筑面积 1 495 m^2，生产区包括 4 栋蛋鸡舍、1 栋雏鸡舍、1 栋住房和 1 栋饲料储存间。采用自动刮板干清粪工艺，粪便人工装清运车集中堆放外售。养殖规模 29 000 羽。现无专用粪污收贮或处理设施，需要进一步完善（图 5-22）。

图 5-22　蓟州区肖怀鑫蛋鸡养殖场效果图

二、产排污量

根据设计最大养殖规模和第一次全国污染源普查《畜禽养殖业源产排污系数手册》核算标准，污染物估算见表 5-5。

表 5-5　蓟州区肖怀鑫蛋鸡养殖场污染物估算

污染物质	产　量	单　位
粪便总产量	4.93	t/d
污水产量	—	m³/d
COD	793.15	kg/d
TN	41.18	kg/d
TP	12.18	kg/d

三、工艺技术方案

结合养殖场现有夏季粪便较稀不能售卖、雨污混合、脏净道不分等问题开展改造治理，实现粪污的有效分离和处理，切实解决养殖场对周边河道、地下水、农业用地、人居环境造成的环境危害，促进养殖场的良性循环。干清粪便采用运粪车转运至堆粪棚直接售卖或在堆粪棚堆沤腐熟售卖；夏季粪便较稀可以先进行固液分离，固液分离后的干物质可放置在堆粪棚或售卖，污水存于污水贮存池由吸粪车为农田浇灌肥水（图 5-23）。

天津市规模化畜禽养殖场粪污治理工程 案例

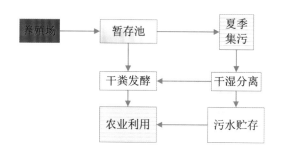

图 5-23　蓟州区肖怀鑫蛋鸡养殖场工艺流程图

夏季（7月、8月、9月）温度较高，鸡饮用水量增加一倍，粪便含水率提高，鸡粪呈流体状，难以运输售卖，可利用刮粪板将其推入至每栋鸡舍的暂存池中，利用吸粪车收集到调节池中汇集，经过固液分离后，将固体运送至堆粪场中，等待售卖；污水收集至贮存池中，沉淀后可由吸粪车外送进行农业利用。

每次转舍后清洗鸡舍的污水排放至暂存池中，利用吸粪车收集至污水贮存池中进行农业利用。其他季节，鸡粪含水率较低，呈固体，可堆垛，便于运输，可利用刮粪板将其推入至每栋鸡舍的暂存池中，直接运送到堆粪场，等待售卖。

四、项目主要建设内容

路面硬化 350 m²、雨水沟渠 300 m、暂存池 33.6 m³、集污池 27 m³、堆粪棚 30 m²、污水贮存池 50 m³；干湿分离机、吸粪车、提升泵（图 5-24、图 5-25）。

图 5-24　刮粪板出粪口

图 5-25　污水贮存池

技术特点：利用深度不一的干湿粪便收集系统将特殊时期的粪便进行收集和晾晒，其他时间较为干燥的粪便单独贮存，达到固液分离的目的，较为适合小型鸡场。

模式特点：以厌氧发酵贮存工艺处理污水和粪便农田利用为主要目的；完善鸡舍出粪口的防渗和管道布置，对含水量较高的鸡粪进行预处理。

适用范围：年存栏量 10 万羽以下的规模化蛋鸡场。

投资与运行费用：设备土建投资费用、日常运行管理费、运输车辆维护费用、沼液利用运输费、粪便运输费。

第二节 肉鸡粪污处理技术应用实例

案例一 杨新顺肉鸡养殖户

一、基本情况

杨新顺肉鸡养殖户常年肉鸡出栏数为 21 万羽，畜禽养殖业排放的污水主要来源于畜禽粪便及地面冲洗水，粪便主要来源为鸡舍（图 5-26）。

图 5-26 天津市武清区杨顺新肉鸡养殖户效果图

二、产排污量

根据设计最大养殖规模和第一次全国污染源普查《畜禽养殖业源产排污系数手册》核

算标准，污染物估算见表5-6。

表 5-6　杨新顺肉鸡养殖户污染物估算

污染物质	产　量	单　位
粪便总产量	5.04	t/d
COD	855.12	kg/d
TN	53.34	kg/d
TP	12.6	kg/d

三、工艺技术方案

养殖场采用干清粪工艺，粪便集中送至粪便贮存池进行堆存后外销。鸡舍地面冲洗水等废水自流收集到污水贮存池，出水经吸粪车送入到附近农田进行农业种植（图5-27）。

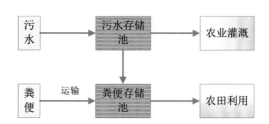

图 5-27　杨新顺肉鸡养殖户工艺流程图

四、项目主要建设内容

污水贮存池 48 m³、粪便贮存池 108 m³、污水收集系统 10 m。脏道修整 200 m²（图5-28）。

图 5-28　粪便贮存池、污水贮存池

技术特点：

优点：针对该场的粪污消纳情况，在场内设堆粪棚暂存粪便，利用粪便贮存池的建筑设计特点，使固体粪污夏季含水率高的问题得到缓解，有利于固体粪污的下一步处理，方便养殖场粪便售卖。养殖场污水主要来源于冲洗用水，针对废水量少、季节性排放的特点，建设污水贮存池进行简易贮存、还田处理。

缺点：地下贮存池有利于含水率较高粪便的贮存，但同时不利于水分的蒸发，需要辅助机械设备，如干湿分离机。

适用范围：规模化禽类养殖场。

案例二 天津市静海区连通肉鸡养殖专业合作社

一、基本情况

天津市静海区连通肉鸡养殖专业合作社，位于天津市静海区大丰堆镇齐家庄子村（东经116°58.249′，北纬38°51.036′）。该肉鸡养殖场养殖量约为16万羽。场区占地约40亩，现有4栋鸡舍，仓库和办公区各1栋。粪便年产量9 928吨，污水年产量1 533吨（图5-29）。

图 5-29 天津市静海区连通肉鸡养殖专业合作社效果图

二、产排污量

根据设计最大养殖规模和第一次全国污染源普查《畜禽养殖业源产排污系数手册》核算标准，污染物估算见表5-7。

表 5-7　天津市静海区连通肉鸡养殖专业合作社污染物估算

污染物质	产量	单位
粪便总产量	27.2	t/d
污水产量	4.2	m³/次
COD	4 376	kg/d
TN	227.2	kg/d
TP	67.2	kg/d

三、工艺技术方案

场区内外雨污分流，鸡场粪污采用干清粪工艺，拟在场内现有闲置空地上新建堆粪棚，粪便由清粪车输送至堆粪棚，堆沤腐熟发酵后农用，基于现有污水收集管网，经检查井、格栅池，流入污水贮存池，经过厌氧发酵，在农灌季节配水稀释后，经吸粪车抽走还田农用，非农灌季节则由污水贮存池收纳，以备农用。部分道路硬化，脏净道分离（图5-30）。

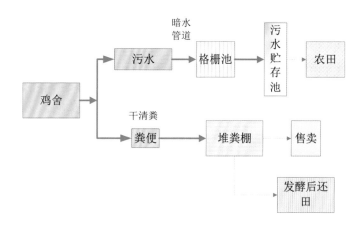

图 5-30　天津市静海区连通肉鸡养殖专业合作社工艺流程

鸡场采用干清粪工艺，粪便和污水分别收集、处理和利用。其中，粪便通过清粪车运至堆粪棚，集中堆沤发酵后农用。鸡舍内的污水，经暗管流入检查井，经格栅池分离大块固体后，再经提升泵流入污水贮存池，经厌氧发酵降解其中的有机污染物，兼具非农灌季节贮存作用，以及待农灌季节配水稀释至附表1中对应浓度下后由吸粪车抽走肥田，满足在灌溉季节施肥、非灌溉季节收纳贮存的目的，实现粪污资源化利用；同时避免污水外排造成的环境污染，达到减排目的。

四、项目主要建设内容

堆粪棚120 m^2、污水贮存池198 m^3、格栅池20 m^3、污水暗管100 m、道路硬化46 m^2；人工格栅、防腐液位计、提升泵、排泥系统、吸粪车（见图5-31、图5-32、图5-33、图5-34）。

图 5-31　原排污沟

图 5-32　污水贮存池

图 5-33　堆粪棚

图 5-34　提升泵

技术特点： 针对该场的粪污消纳情况，在场内设堆粪棚暂存粪便，方便养殖场粪便售卖。养殖场污水主要来源于冲洗用水，直接通过管道引入污水贮存池内贮存3个月以上后进行农业利用。

模式特点： 以厌氧发酵贮存工艺处理污水和粪便农田利用为主要目的；完善鸡舍出粪口的防渗和管道布置，对含水量较高的鸡粪进行晾晒预处理。

适用范围： 年出栏量500 000羽以下的规模化肉鸡场。

投资与运行费用： 设备土建投资费用、沼液利用运输费、粪便运输费。

案例三　天津市宁河区明山养鸡场

一、基本情况

天津市宁河区明山养鸡场，位于天津市宁河区廉庄镇卫星河堤。全场年出栏肉鸡 150 000羽，平均一年出栏6次。场区占地10亩，现有鸡舍3栋。采用人工干清粪方式，粪便堆放于场外空地，无防雨、防渗、防漏设施，冲舍污水直接排放至场外污水沟（图5-35）。

图 5-35　天津市宁河区明山养鸡场效果图

二、产排污量

根据设计最大养殖规模和第一次全国污染源普查《畜禽养殖业源产排污系数手册》核算标准，污染物估算见表5-8。

表 5-8　天津市宁河区明山养鸡场污染物估算

污染物质	产　量	单　位
粪便总产量	3.6	t/d
污水产量	45	m³/次
COD	610.8	kg/d
TN	38.1	kg/d
TP	9	kg/d

三、工艺技术方案

干清粪便堆放于场外堆粪棚内，不定期销售；污水经沉淀池沉淀后进入污水贮存池，贮存6个月以上通过泵或吸粪车等方式农业利用（图5-36）。

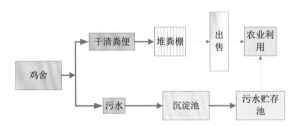

图5-36 天津市宁河区明山养鸡场工艺流程图

四、项目主要建设内容

污水贮存池175 m³、堆粪棚72 m²、沉淀池27 m³、道路硬化15 m²、污水暗管180 m、检查井11座；还田水泵、泥浆泵（图5-37、图5-38、图5-39）。

图5-37 建设前

图5-38 污水贮存池

图5-39 堆粪棚

技术特点： 针对该场的粪污消纳情况，在场内设堆粪棚暂存粪便，方便养殖场粪便售卖。养殖场污水主要来源于冲洗用水，直接通过管道引入污水贮存池内贮存3个月以上后进行农业利用。

天津市规模化畜禽养殖场粪污治理工程 案例

模式特点：以厌氧发酵贮存工艺处理污水和粪便农田利用为主要目的；完善鸡舍出粪口的防渗和管道布置，对含水量较高的鸡粪进行晾晒预处理。

　　适用范围：年出栏量500 000羽以下的规模化肉鸡场。

　　投资与运行费用：设备土建投资费用、沼液利用运输费、粪便运输费。

第六章

有机肥利用模式

第一节　农家肥利用模式应用实例

案例一　如燕养猪场

一、基本情况

天津市蓟州区如燕养猪场，位于天津市蓟州区白涧镇辛东村，占地 50 余亩，年出栏量6 501 头。

二、产排污量

根据最大养殖规模设计和第一次全国污染源普查《畜禽养殖业源产排污系数手册》核算标准，污染物估算见表 6-1。

表 6-1　天津市蓟州区如燕养猪场污染物估算

污染物质	产量	单位
粪便总产量	5.882 5	t/d
污水产量	6.955	m^3/d
COD	1 363.57	kg/d
TN	107.997 5	kg/d
TP	19.695	kg/d

三、工艺技术方案

目前，如燕养猪场采用干清粪工艺。养殖过程中产生大量的粪便、尿液和冲洗污水。该场粪便经收集后直接堆积在场区空地上，污水直接排入附近污水坑，污水中含有高浓度的有机物、氨氮、悬浮物。污水发臭，滋生蚊蝇，给附近居民的生活环境及周边生态造成了较大的污染。通过工艺对比，结合同类工程实践经验及如燕养猪场的实际情况，针对畜禽养殖业排放的污水水质中有机污染物浓度高、波动大等特点，考虑工程可靠性和设计合理性，该方案设计工艺流程如图 6-1 所示。

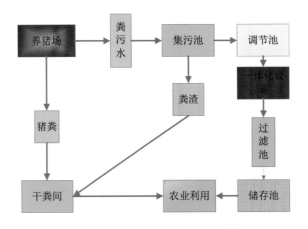

图 6-1　如燕养猪场工艺流程图

养殖场采用干清粪工艺，粪便集中送至堆放场进行堆存，尿液、冲洗水等废水进入到集污池，通过水泵抽入集水调节池，再进入一体化设备进行进一步处理。处理后滤液先进入到过滤池进行过滤，最终流入到污水贮存池进行贮存，进行农业利用；养猪场的粪渣、沼渣送入干粪处理车间处理，处理后肥料进行农业利用。建筑物房檐下设雨水渠，渠底低于地面 200 mm；道路两侧设雨水渠，导流雨水，用于绿化。

四、项目主要建设内容

集污池 1 200 m³、干粪发酵间 840 m²、调节池 105 m³、过滤池 105 m³、污水贮存池 480 m³、污水处理一体化设备、吸粪车、清粪车（图 6-2、图 6-3、图 6-4、图 6-5、图 6-6、图 6-7）。

图 6-2　集污池

图 6-3　堆粪棚

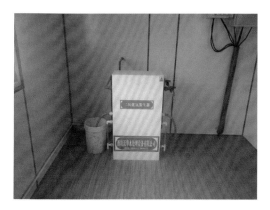
图 6-4　二氧化碳发生器

图 6-5　吸粪车

图 6-6　雨污分流

图 6-7　农家肥

技术特点：

优点：如燕养猪场采用碳钢结构一体化设施进行污水处理，该类工艺具有施工周期短、占地集约紧凑、工艺衔接灵活等特点。

缺点：污水处理量有限，同时日常运行电耗较高。

适用范围：污水产生量小或污染物浓度不高，场区可利用空间不足、施工工期紧张或地下水位较高不利土建施工等情况。

案例二　天津市宏陞元肉牛养殖有限公司

一、基本情况

天津市宏陞元肉牛养殖有限公司，位于武清区城关镇袁辛庄村，现肉牛存栏1 500头、年出栏2 700头。

二、产排污量

根据设计最大养殖规模和第一次全国污染源普查《畜禽养殖业源产排污系数手册》核算标准，污染物估算见表6-2。

表 6-2　天津市宏陞元肉牛养殖有限公司污染物表

污染物质	产　量	单　位
粪便总产量	22. 515	t/d
污水产量	10. 635	m³/d
COD	4 142. 13	kg/d
TN	109. 11	kg/d
TP	20. 535	kg/d

三、工艺技术方案

固体粪便经过生产有机肥后外销农业利用，养殖污水经过贮存池处理后成为肥水浇灌农田。固体粪便工艺流程为：固体粪便—堆制腐熟等工艺制成农家肥；污水采用雨污分流—固液分离—污水贮存池—农业利用。牛舍粪便干清方式集中运至堆肥发酵车间进行有机肥生产，农业利用（图6-8）。

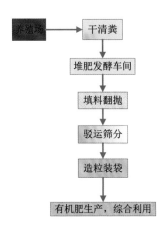

图 6-8　天津市宏陞元肉牛养殖有限公司工艺流程图

四、项目主要建设内容

堆肥发酵车间2 500 m²、成品库房432 m²；烘干机、粪便清运车、翻抛机、驳运机、

天津市规模化畜禽养殖场粪污治理工程案例

筛分机、粉碎机、输送机、圆盘造粒机、铲车（图6-9、图6-10、图6-11、图6-12）。

图6-9　堆肥发酵车间

图6-10　成品库房

图6-11　搅拌机

图6-12　打包装袋机

技术特点： 该场综合考虑粪污主要来源为肉牛固体粪便，充分利用其有机质含量高的特点，加工成商品有机肥进行售卖。

优点：提高产品附加值，增加创收途径。

缺点：现阶段场区污水收集存在缺陷，是后续治理的重点；有机肥生产应避免在畜禽养殖场内进行。

适用范围： 以固体粪便为现阶段治理重点的畜种；场区发酵原料充足；有合适场地进行有机肥生产等情况。

第二节　商品有机肥模式应用实例

案例一　天津施可丰生物有机肥科技发展有限公司

一、基本情况

天津施可丰生物有机肥科技发展有限公司位于天津市静海区大邱庄镇胡连庄村，占地面积 35 亩，是一家以天津市农业科学院为技术依托单位的生物技术型高科技企业，注册资金 500 万元，主要利用畜禽粪便（包括鸡粪、牛粪、猪粪和羊粪）生产有机肥料。目前年生产规模为 6 000 吨。

二、工艺参数

（一）粉状有机肥工艺参数

C/N 比：发酵物料的碳氮比为 25~30 : 1。

水分：发酵物料含水量为 55%~60%，用手一攥手缝滴水为宜。

温度：发酵开始后，当物料温度（20~30 cm 深处）升至 55℃时保持三天，然后翻捣一次。若发酵初期温度不上升，则调整水分至推荐比例并每天翻捣一次直至堆温上升，当堆温再次升至 55℃后，保持三天，然后翻捣一次；之后根据堆温情况进行翻捣，温度上升时期不翻捣，温度停止上升则翻捣，并重复这一步骤，直到堆温与室外温度相同、水分降至 30% 以下时，即完成了发酵过程。

腐熟剂：每 5 m³ 有机物料加入 1 公斤腐熟剂，翻捣均匀。

堆置规格：将混匀的物料堆成长梯形，堆长 60 m、堆宽 7 m、堆高 1.2 m。

发酵周期：整个发酵周期通常为 15~20 天。

日生产量：50 吨。

（二）颗粒有机肥工艺参数

按粉状有机肥工艺进行发酵后经过分筛和深加工后即可加工颗粒有机肥。

造粒：将发酵好的纯有机肥进行造粒。根据不同的原料选择造粒机、圆盘造粒机、挤压造粒机、挤压抛球一体机等。

烘干、冷却、包装：刚造好的颗粒水分含量比较大，需要将水分烘干至有机肥标准20%以下，将烘干的颗粒有机肥经过冷却机降温后直接进行包装。

三、工艺流程

（一）粉状有机肥工艺流程

主要生产工艺流程如下：畜禽粪便添加适量蘑菇渣及发酵菌剂混合搅拌均匀后定时翻堆，发酵腐熟后再添加有益菌，进行二次发酵后，进入生产车间：过筛粉碎→质量检测→计量包装。粉状有机肥料工艺流程如图 6-13 所示。

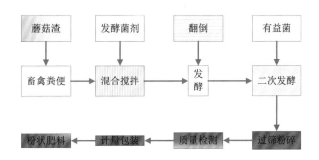

图 6-13　粉状有机肥工艺流程图

（二）颗粒有机肥工艺流程

主要生产工艺流程如下：畜禽粪便添加适量发酵辅料及发酵菌剂混合搅拌均匀后定时翻堆，发酵腐熟后再进行第二次发酵，二次发酵后，进入生产车间：过筛→造粒→烘干→冷却→质量检测→计量包装。粉状有机肥料工艺流程图如图 6-14 所示。

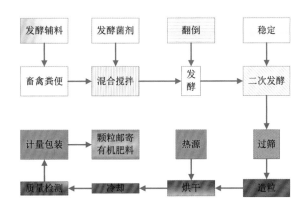

图 6-14　颗粒有机肥料工艺流程图

四、工艺设施（构筑物）设计说明

工艺设施包括畜禽粪便储存车间、辅料储存车间、发酵车间、稳定粉碎造粒烘干车间、计量包装成品库和实验室（图6-15、图6-16、图6-17、图6-18）。

畜禽粪便储存车间占地2 000 m²，用于有机肥生产原料畜禽粪便的储存，为封闭式的彩钢板结构建筑；辅料储存车间占地1 000 m²，用于有机肥生产中添加的辅料蘑菇渣的储存，为封闭式的彩钢板结构建筑；发酵车间占地2 100 m²，由四个发酵槽组成，每个发酵槽长60 m，宽7 m，每两个发酵槽共用一个轨道式翻抛机，通过移动轨道在两个发酵槽之间进行转换使用，主体建筑为砖混和钢架结构连栋大棚，四周和棚顶为阳光板材料；稳定粉碎造粒烘干车间占地1 000 m²，主要功能包括有机肥二次稳定发酵、有机肥的粉碎、造粒和烘干，为封闭式的彩钢板结构建筑；制造好经检测合格的粉状和颗粒状有机肥料由传送带从稳定粉碎造粒烘干车间传送至计量包装成品库进行计量包装，占地1 000 m²，为封闭式的彩钢板结构建筑。实验室包括高温室、天平室、检测室和准备室组成，共占地70 m²（10 m×7 m），高3.5 m，主体建筑为砖混钢筋结构，主要用于对有机肥料生产原料、辅料和成品进行有机质、N、P、K、水分和pH的测定。

建筑设计：其中畜禽粪便储存车间占地2 000 m²，为封闭式的彩钢板结构建筑；辅料储存车间占地1 000 m²，为封闭式的彩钢板结构建筑；有机肥发酵车间占地2 100 m²，主体建筑为砖混和钢架结构连栋大棚，四周和棚顶为阳光板材料；稳定粉碎造粒烘干车间占地1 000 m²，为封闭式的彩钢板结构建筑；计量包装成品库占地1 000 m²，为封闭式的彩钢板结构建筑。以上厂房高均为6.5 m。

办公室占地112 m²（16 m×7 m），高3.5 m，主要用于工作人员办公、展示、会议和接待使用。

图6-15　有机肥车间全景

图6-16　发酵车间

图 6-17　造粒车间

图 6-18　包装车间

案例二　天津农乐有机肥有限公司新建商品有机肥项目

一、基本情况

该项目位于天津市滨海新区西部，地处津港农场。北距天津市区 30 公里，距天津港 30 公里，南距河北省黄骅市 60 公里。东临轻纺城开发区，南靠石化基地，西连静海区，北接津南、西青两区，荣乌高速、丹拉高速、津港公路毗邻而过，106 省道、李港铁路横贯其间，交通极为便利。

二、工艺设计

1. 原料成分

该项目的主要原料为蛋鸡粪便，辅料为周边地区农作物秸秆（玉米秸秆、小麦秸秆、蓖麻秸秆、蘑菇菌棒）等辅料，以一定比例充分混合，经过腐熟发酵，生产的有机肥能达到成品有机肥技术质量标准。

2. 质量标准

该项目所采用的产品质量标准依据为有机肥料农业行业标准（NY525—2012）。

NY525—2012 把有机肥定义为：主要来源于植物和（或）动物，经过发酵腐熟的含碳有机物料，其功能是改善土壤肥力，提供植物营养，提高作物品质。有机肥料技术指标如

表6-3 所示。

表6-3 有机肥料的技术指标

项 目	指 标
有机质的质量分数（以烘干基计），%	≥45
总养分（$N+P_2O_5+K_2O$）的质量分数（以烘干基计），%	≥5.0
水分（鲜样）的质量分数，%	≤30
酸碱度（pH）	5.5~8.5

3. 核心技术

该项目核心技术在通过生物催熟工艺，快速为人畜、禽粪去掉臭味，保护环境。由于鸡粪产生恶臭气味，苍蝇滋生，用生化催熟剂2小时便可去掉臭味，经过15天发酵，变成天然有机肥。这从根本上解决了畜牧业造成的环境污染，治理了环境，达到了循环经济的目标，使农牧业实现区域性生态可持续发展。

4. 工艺选择

该项目工艺完全是按照项目及目标生产6 000吨有机肥（颗粒）所设计的。

年生产量计算如下：该项目发酵车间共有三个发酵池（每个池长60 m、宽20 m），每个发酵池可堆粪8条，每条堆粪可为一个批次进行发酵；每批次堆粪：（1）堆长40 m（发酵池两头各留出10 m作为翻堆机及设备的工作空间）。（2）堆宽1.8 m（翻堆机堆宽控制最大宽度）。（3）堆高0.6 m（翻堆机设计翻高0.8 m）。

（1）一个批次生产有机肥：40 m×1.8 m×0.6 m×0.6 t/m³ = 26 t

（2）年（300天）产量：26 t×8条×3个发酵池×300天÷15天/批次 = 12 480 t

工艺设计：阳光棚天然生物催熟发酵工艺。

该工艺适合北方规模化生产，目前作为快捷、成本低廉有机肥生产的主流工艺。根据企业的现场考察，该技术有工艺技术先进、自动化程度高、设备运行稳定、耗能低、全天候运转、一年四季可生产等优点。

生产工艺流程：

主要生产工艺流程如下：蛋鸡粪便经喷淋分解，添加适量纯天然分解剂及粉碎后秸秆搅拌均匀，定时翻堆，发酵腐熟后，进入生产车间：搅拌→发酵→粉碎→造粒→整形→烘干→冷却→筛分→检测→包装→入库。生产工艺流程如图6-19所示。

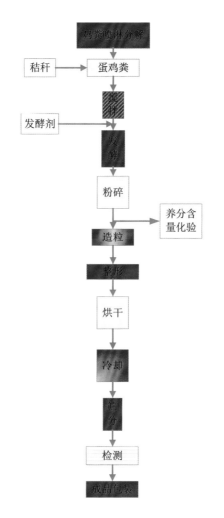

图 6-19　天津农乐有机肥有限公司新建商品有机肥工艺流程

具体步骤如下：

第一步：在养殖车间出粪口处对排出鸡粪进行喷淋分解剂（鸡粪自由落体状态下喷淋），然后用封闭式运输车运至发酵车间。

第二步：将粉碎后的秸秆用装载机运至发酵车间。

第三步：将秸秆及鸡粪按比例经过漏斗式搅拌机（轨道移动）混合搅拌均匀。添加适量菌剂（3 公斤菌剂兑水 100 公斤可生产有机肥 1 吨）再次搅拌均匀。

第四步：搅拌后的原料进行堆放发酵，发酵过程控制含水率，加秸秆粉 C/N 比高含水率低的有机物料，处理后原料含水率 60%～65%，C/N 比 20～30。发酵过程湿度大，无可燃气体产生。

第五步：每个发酵池堆粪 8 条，每条宽 1.8 m，高 0.8 m，对发酵好的原料每三个小时用轮式翻堆机进行翻堆。该项目发酵场地为封闭式钢结构，屋顶及 1.5 m 以上外墙为 PC 采光板，透光率最高可达 89%，利用太阳能供热。墙体 1.5 m 为砖砌筑墙体。

第六步：发酵后的原料通过装载机运至固定的漏斗式搅拌机进行搅拌（大块搅拌成小块）。

第七步：由输送机将搅拌后的原料输送至立式粉碎机进行粉碎。

第八步：由输送机筛分后合格的原料输送搅齿式造粒机进行挤压造粒，造粒后输入抛光整形机进行抛光整形（颗粒直径为 2.0～4.0 mm）。

第九步：造粒后输送至烘干机进行烘干。

第十步：烘干后输送至冷却机进行冷却。

第十一步：冷却后输送至筛分机筛分，并进行成品检测。

第十二步：用成品包装机将成品进行包装入库。

三、质量标准

（1）外观。外观颜色为褐色或灰褐色，粒状，均匀，无恶臭，无机械杂质。

（2）有机肥料的技术指标应符合有机肥料农业行业标准（NY525—2012）（表6-3、图6-4）。

表 6-4　有机肥料中重金属的限量指标

项　目	限量指标
总砷（As）（以烘干基计）	≤15mg/kg
总汞（Hg）（以烘干基计）	≤2mg/kg
总铅（Pb）（以烘干基计）	≤50mg/kg
总镉（Cd）（以烘干基计）	≤3mg/kg
总铬（Cr）（以烘干基计）	≤150mg/kg

（3）包装、标识、贮存和运输要求。有机肥料要使用薄膜编织袋或塑料编织袋衬聚乙烯内袋包装，每袋重量应为（50±0.5）kg、（40±0.4）kg，包装袋上应注明：产品名称、有机质含量、总养分含量、净重、标准号、登记证号、企业名称、厂址。有机肥料应贮存于阴凉干燥处，在运输过程中应防潮、防晒、防破裂。

四、产品质量控制

（1）原料控制。坚持使用本厂自供应的蛋鸡粪为原料，防止在收购过程中混入其他杂质，这在一定程度上能起到防止降低粪便养分含量的作用。

（2）生产过程质量控制。控制有机肥料的熟化过程（堆粪内部颜色为灰褐色最佳）。

（3）定期对肥料进行化验，确保产品质量符合标准。

五、工程建设概况

该项目工程位于天津市滨海新区大港津港农场长营养殖场场内东侧，占地12 555 m²。

原料储存库建筑面积1 800 m²，占地面积1 800 m²，建筑层数为一层，建筑高度5 m，屋面防水等级为Ⅱ级，耐火等级为二级，钢结构。催熟发酵车间建筑面积3 240 m²，占地面积3 240 m²，建筑层数为一层，建筑高度5 m，屋面防水等级为Ⅱ级，耐火等级为二级，钢结构。生产车间建筑面积1 200 m²，占地面积1 200 m²，建筑层数为一层，建筑高度5 m，屋面防水等级为Ⅱ级，耐火等级为二级，钢结构。成品库房建筑面积1 200 m²，占地面积1 200 m²，建筑层数为一层，建筑高度5 m，屋面防水等级为Ⅱ级，耐火等级为二级，钢结构。催熟发酵车间、生产车间、成品库房联系紧密，生产产品为不燃固体，故作为一个生产车间，火灾危险性为戊类，共同为一个防火分区。实验室及附属用房建筑面积348.44 m²，占地面积348.44 m²，建筑层数为一层，建筑高度3.6 m，屋面防水等级为Ⅱ级，耐火等级为二级，砌体结构。消防泵房建筑面积为地上39.73 m²、地下39.73 m²，占地面积39.73 m²，建筑层数为一层，建筑高度3.6 m，屋面防水等级为Ⅱ级，耐火等级为地上二级、地下一级，地上为砌体结构，地下为剪力墙结构（图6-20、图6-21、图6-22、图6-23）。

图 6-20　成品库及生产车间全景

图 6-21　原料储存库

图 6-22　发酵车间设备

图 6-23　生产车间设备

案例三　天津福盈农业科技有限公司商品有机肥项目

一、基本情况

天津福盈农业科技有限公司成立于2014年，注册资金为2 000万元，拥有奶牛养殖场1处，占地面积495亩。目前年存栏3 000头，到2015年年底，存栏增加到5 500头。该公司具有较强经济实力，且其和具有技术力量与生产技术基础的科研单位强强联合，会给有机肥生产向产业化快速发展提供有力保障。该公司不仅具有较强的承担风险与开发市场的能力，而且发展战略长远，拟建设产品研发平台，有利于提高技术含量、产品质量与生产效益。该项目的建设将使该公司的发展进入一个新的阶段，其发展壮大必将给社会带来更大的回报。

该公司的养殖场位于有机肥厂西南侧，有利于有机肥厂与养殖场进行隔离，同时便于原料运输，噪声又不影响养殖场。

二、工艺设计及流程

按照工艺流程、生产需要，有机肥厂布局为：原料预处理区，临近原料预处理区的是有机肥生产区，发酵反应好的粉状有机肥经过筛分，检验合格后直接进入成品库房，因为采用的是快速发酵反应工艺，采用流水式生产模式，各生产区之间有立柱支撑，方便设备进行连接；在深加工区对面是综合办公楼附带检验室。

项目工艺技术方案：该项目有机肥生产工艺主要包括原料预处理，混合反应机快速发酵除臭、脱水、干燥、造粒最终生产出有机肥。

工艺流程说明：该项目主要原料为牛粪，应不含大量石头、沙土等固体杂物（固体杂物占总量的质量比低于5%），含水率控制在50%±2%；辅料为风干后的玉米秆、小麦秸秆、花生壳等，含水率控制在15%±2%。该项目主要以牛粪为原料，辅助秸秆、其他辅料及生物酵素催化剂，考虑好氧发酵工艺的技术可行性及其环境影响，同时兼具降低投资与运营成本等综合因素，该项目选择快速发酵工艺，并辅以生物酶催化，能够促进有机肥快速腐熟，有效控制臭气等有害气体排放，生态环境效益较好。

相比传统工艺而言，该项目所采用的是快速发酵的生产工艺，特色如下：

（1）处理快速：在3小时内反应快速完成。

（2）无恶臭污水等二次污染产生：有机废弃物处理成功的关键之一。

（3）全方位养分配方：可调配全方位养分，提高作物产量及品质。

（4）发酵过程不释放二氧化碳，不会影响C/N。

（5）稳定性高：发酵过程不会造成有机质的流失，改良土壤，使用过程不烧苗。

（6）无杂草种子：不会传播杂草。

综上所述，该项目所采用的快速发酵工艺省时、省工、省空间，无味、无二次公害、高效安全环保。处理厂占空间小（传统堆肥方法的1/10面积），又无污水、无恶臭、无毒、无病原菌、无二氧化碳释放、无脱氮之肥分损失等二次公害，为全球唯一最快的创新技术，能够实现生产有机肥保证肥效，保证养分不流失。该技术已经被证实了是一项非常成熟、可靠、安全的生物技术。

三、工程建设概况

该项目土建工程包括原料预处理区、深加工区、有机肥生产区、有机肥成品仓库、办公用房、道路围墙、绿化及其他（图6-24、图6-25、图6-26、图6-27）。有机肥厂总占地面积24 750 m²（37亩）。其中土建工程5 294 m²，有机肥车间占3 123 m²，检测、行政办公楼及生活服务设施用地820 m²，其余为辅助配套工程，包括锅炉房、公共道路、围墙及绿化建设。

该项目的原料预处理区、有机肥生产区、有机肥成品仓库等的厂房为钢砼结构，顶棚阳光板，设排气孔；地面高标号钢砼结构，防渗防腐，四壁砖混抹灰围墙，上接阳光板，整体结构考虑防腐性，采用钢结构。检测室、办公及生活服务设施包括办公、职工宿舍、食堂等，建设综合办公楼一座，为地上两层结构，均采用钢结构和砖混结构建设，检测室与办公及生活服务设施有隔离措施，分设出入口。检测室面积80 m²，包括天平室、检测室、高温室、精密仪器室。

厂区内的交通运输设计根据生产需要，结合该项目点目前的通行、运输道路现状，满足生产、运输、安装、检修、消防及环境卫生的综合要求，统筹安排。根据厂矿道路设计规范（GBJ22—87），确定厂区内设计车速为15公里/小时，厂区道路采用混凝土路面，主干道宽7 m，次干道宽4 m，并在道路两侧设绿化带，道路转弯半径12 m，道路最小纵坡0~4%。厂区各建构筑物周围空地均绿化，绿化以草坪种植为主，辅以常绿灌木和常绿乔木。厂区临道路的围墙采用通透式钢栅栏围墙。

图 6-24　生产车间全景

图 6-25　发酵、烘干

图 6-26　分料、混料、造粒

图 6-27　冷却、筛分、包装

附　件

畜禽规模养殖污染防治条例

（国务院令第 643 号）

2013 年 11 月 11 日，国务院总理李克强签署国务院令，公布《畜禽规模养殖污染防治条例》。条例共 6 章 44 条，自 2014 年 1 月 1 日起施行。条例全文内容如下：

畜禽规模养殖污染防治条例

第一章　总　　则

第一条　为了防治畜禽养殖污染，推进畜禽养殖废弃物的综合利用和无害化处理，保护和改善环境，保障公众身体健康，促进畜牧业持续健康发展，制定本条例。

第二条　本条例适用于畜禽养殖场、养殖小区的养殖污染防治。

畜禽养殖场、养殖小区的规模标准根据畜牧业发展状况和畜禽养殖污染防治要求确定。

牧区放牧养殖污染防治，不适用本条例。

第三条　畜禽养殖污染防治，应当统筹考虑保护环境与促进畜牧业发展的需要，坚持预防为主、防治结合的原则，实行统筹规划、合理布局、综合利用、激励引导。

第四条　各级人民政府应当加强对畜禽养殖污染防治工作的组织领导，采取有效措施，加大资金投入，扶持畜禽养殖污染防治以及畜禽养殖废弃物综合利用。

第五条　县级以上人民政府环境保护主管部门负责畜禽养殖污染防治的统一监督管理。

县级以上人民政府农牧主管部门负责畜禽养殖废弃物综合利用的指导和服务。

县级以上人民政府循环经济发展综合管理部门负责畜禽养殖循环经济工作的组织协调。

县级以上人民政府其他有关部门依照本条例规定和各自职责，负责畜禽养殖污染防治相关工作。

乡镇人民政府应当协助有关部门做好本行政区域的畜禽养殖污染防治工作。

第六条　从事畜禽养殖以及畜禽养殖废弃物综合利用和无害化处理活动，应当符合国家有关畜禽养殖污染防治的要求，并依法接受有关主管部门的监督检查。

第七条　国家鼓励和支持畜禽养殖污染防治以及畜禽养殖废弃物综合利用和无害化处理的科学技术研究和装备研发。各级人民政府应当支持先进适用技术的推广，促进畜禽养殖污染防治水平的提高。

第八条　任何单位和个人对违反本条例规定的行为，有权向县级以上人民政府环境保护等有关部门举报。接到举报的部门应当及时调查处理。

对在畜禽养殖污染防治中作出突出贡献的单位和个人，按照国家有关规定给予表彰和奖励。

第二章　预　防

第九条　县级以上人民政府农牧主管部门编制畜牧业发展规划，报本级人民政府或者其授权的部门批准实施。畜牧业发展规划应当统筹考虑环境承载能力以及畜禽养殖污染防治要求，合理布局，科学确定畜禽养殖的品种、规模、总量。

第十条　县级以上人民政府环境保护主管部门会同农牧主管部门编制畜禽养殖污染防治规划，报本级人民政府或者其授权的部门批准实施。畜禽养殖污染防治规划应当与畜牧业发展规划相衔接，统筹考虑畜禽养殖生产布局，明确畜禽养殖污染防治目标、任务、重点区域，明确污染治理重点设施建设，以及废弃物综合利用等污染防治措施。

第十一条　禁止在下列区域内建设畜禽养殖场、养殖小区：

（一）饮用水水源保护区，风景名胜区；

（二）自然保护区的核心区和缓冲区；

（三）城镇居民区、文化教育科学研究区等人口集中区域；

（四）法律、法规规定的其他禁止养殖区域。

第十二条　新建、改建、扩建畜禽养殖场、养殖小区，应当符合畜牧业发展规划、畜禽养殖污染防治规划，满足动物防疫条件，并进行环境影响评价。对环境可能造成重大影响的大型畜禽养殖场、养殖小区，应当编制环境影响报告书；其他畜禽养殖场、养殖小区应当填报环境影响登记表。大型畜禽养殖场、养殖小区的管理目录，由国务院环境保护主管部门商国务院农牧主管部门确定。

环境影响评价的重点应当包括：畜禽养殖产生的废弃物种类和数量，废弃物综合利用和无害化处理方案和措施，废弃物的消纳和处理情况以及向环境直接排放的情况，最终可能对水体、土壤等环境和人体健康产生的影响以及控制和减少影响的方案和措施等。

第十三条　畜禽养殖场、养殖小区应当根据养殖规模和污染防治需要，建设相应的畜禽粪便、污水与雨水分流设施，畜禽粪便、污水的贮存设施，粪污厌氧消化和堆沤、有机肥加工、制取沼气、沼渣沼液分离和输送、污水处理、畜禽尸体处理等综合利用和无害化处理设施。已经委托他人对畜禽养殖废弃物代为综合利用和无害化处理的，可以不自行建设综合利用和无害化处理设施。

未建设污染防治配套设施、自行建设的配套设施不合格，或者未委托他人对畜禽养殖废弃物进行综合利用和无害化处理的，畜禽养殖场、养殖小区不得投入生产或者使用。

畜禽养殖场、养殖小区自行建设污染防治配套设施的，应当确保其正常运行。

第十四条　从事畜禽养殖活动，应当采取科学的饲养方式和废弃物处理工艺等有效措施，减少畜禽养殖废弃物的产生量和向环境的排放量。

第三章　综合利用与治理

第十五条　国家鼓励和支持采取粪肥还田、制取沼气、制造有机肥等方法，对畜禽养殖废弃物进行综合利用。

第十六条　国家鼓励和支持采取种植和养殖相结合的方式消纳利用畜禽养殖废弃物，促进畜禽粪便、污水等废弃物就地就近利用。

第十七条　国家鼓励和支持沼气制取、有机肥生产等废弃物综合利用以及沼渣沼液输送和施用、沼气发电等相关配套设施建设。

第十八条　将畜禽粪便、污水、沼渣、沼液等用作肥料的，应当与土地的消纳能力相适应，并采取有效措施，消除可能引起传染病的微生物，防止污染环境和传播疫病。

第十九条　从事畜禽养殖活动和畜禽养殖废弃物处理活动，应当及时对畜禽粪便、畜禽尸体、污水等进行收集、贮存、清运，防止恶臭和畜禽养殖废弃物渗出、泄漏。

第二十条　向环境排放经过处理的畜禽养殖废弃物，应当符合国家和地方规定的污染物排放标准和总量控制指标。畜禽养殖废弃物未经处理，不得直接向环境排放。

第二十一条　染疫畜禽以及染疫畜禽排泄物、染疫畜禽产品、病死或者死因不明的畜禽尸体等病害畜禽养殖废弃物，应当按照有关法律、法规和国务院农牧主管部门的规定，进行深埋、化制、焚烧等无害化处理，不得随意处置。

第二十二条　畜禽养殖场、养殖小区应当定期将畜禽养殖品种、规模以及畜禽养殖废弃物的产生、排放和综合利用等情况，报县级人民政府环境保护主管部门备案。环境保护主管部门应当定期将备案情况抄送同级农牧主管部门。

第二十三条　县级以上人民政府环境保护主管部门应当依据职责对畜禽养殖污染防治情况进行监督检查，并加强对畜禽养殖环境污染的监测。

乡镇人民政府、基层群众自治组织发现畜禽养殖环境污染行为的，应当及时制止和报告。

第二十四条　对污染严重的畜禽养殖密集区域，市、县人民政府应当制定综合整治方案，采取组织建设畜禽养殖废弃物综合利用和无害化处理设施、有计划搬迁或者关闭畜禽养殖场所等措施，对畜禽养殖污染进行治理。

第二十五条　因畜牧业发展规划、土地利用总体规划、城乡规划调整以及划定禁止养殖区域，或者因对污染严重的畜禽养殖密集区域进行综合整治，确需关闭或者搬迁现有畜禽养殖场所，致使畜禽养殖者遭受经济损失的，由县级以上地方人民政府依法予以补偿。

第四章　激励措施

第二十六条　县级以上人民政府应当采取示范奖励等措施，扶持规模化、标准化畜禽养殖，支持畜禽养殖场、养殖小区进行标准化改造和污染防治设施建设与改造，鼓励分散饲养向集约饲养方式转变。

第二十七条　县级以上地方人民政府在组织编制土地利用总体规划过程中，应当统筹安排，将规模化畜禽养殖用地纳入规划，落实养殖用地。

国家鼓励利用废弃地和荒山、荒沟、荒丘、荒滩等未利用地开展规模化、标准化畜禽养殖。

畜禽养殖用地按农用地管理，并按照国家有关规定确定生产设施用地和必要的污染防治等附属设施用地。

第二十八条　建设和改造畜禽养殖污染防治设施，可以按照国家规定申请包括污染治理贷款贴息补助在内的环境保护等相关资金支持。

第二十九条　进行畜禽养殖污染防治，从事利用畜禽养殖废弃物进行有机肥产品生产经营等畜禽养殖废弃物综合利用活动的，享受国家规定的相关税收优惠政策。

第三十条　利用畜禽养殖废弃物生产有机肥产品的，享受国家关于化肥运力安排等支持政策；购买使用有机肥产品的，享受不低于国家关于化肥的使用补贴等优惠政策。

畜禽养殖场、养殖小区的畜禽养殖污染防治设施运行用电执行农业用电价格。

第三十一条　国家鼓励和支持利用畜禽养殖废弃物进行沼气发电，自发自用、多余电量接入电网。电网企业应当依照法律和国家有关规定为沼气发电提供无歧视的电网接入服务，并全额收购其电网覆盖范围内符合并网技术标准的多余电量。

利用畜禽养殖废弃物进行沼气发电的，依法享受国家规定的上网电价优惠政策。利用畜禽养殖废弃物制取沼气或进而制取天然气的，依法享受新能源优惠政策。

第三十二条　地方各级人民政府可以根据本地区实际，对畜禽养殖场、养殖小区支出的建设项目环境影响咨询费用给予补助。

第三十三条　国家鼓励和支持对染疫畜禽、病死或者死因不明畜禽尸体进行集中无害化处理，并按照国家有关规定对处理费用、养殖损失给予适当补助。

第三十四条　畜禽养殖场、养殖小区排放污染物符合国家和地方规定的污染物排放标准和总量控制指标，自愿与环境保护主管部门签订进一步削减污染物排放量协议的，由县级人民政府按照国家有关规定给予奖励，并优先列入县级以上人民政府安排的环境保护和畜禽养殖发展相关财政资金扶持范围。

第三十五条　畜禽养殖户自愿建设综合利用和无害化处理设施、采取措施减少污染物排放的，可以依照本条例规定享受相关激励和扶持政策。

第五章　法律责任

第三十六条　各级人民政府环境保护主管部门、农牧主管部门以及其他有关部门未依照本条例规定履行职责的，对直接负责的主管人员和其他直接责任人员依法给予处分；直接负责的主管人员和其他直接责任人员构成犯罪的，依法追究刑事责任。

第三十七条　违反本条例规定，在禁止养殖区域内建设畜禽养殖场、养殖小区的，由县级以上地方人民政府环境保护主管部门责令停止违法行为；拒不停止违法行为的，处3万元以上10万元以下的罚款，并报县级以上人民政府责令拆除或者关闭。在饮用水水源保护区建设畜禽养殖场、养殖小区的，由县级以上地方人民政府环境保护主管部门责令停止违法行为，处10万元以上50万元以下的罚款，并报经有批准权的人民政府批准，责令拆除或者关闭。

第三十八条　违反本条例规定，畜禽养殖场、养殖小区依法应当进行环境影响评价而未进行的，由有权审批该项目环境影响评价文件的环境保护主管部门责令停止建设，限期补办手续；逾期不补办手续的，处5万元以上20万元以下的罚款。

第三十九条　违反本条例规定，未建设污染防治配套设施或者自行建设的配套设施不合格，也未委托他人对畜禽养殖废弃物进行综合利用和无害化处理，畜禽养殖场、养殖小区即投入生产、使用，或者建设的污染防治配套设施未正常运行的，由县级以上人民政府环境保护主管部门责令停止生产或者使用，可以处10万元以下的罚款。

第四十条　违反本条例规定，有下列行为之一的，由县级以上地方人民政府环境保护主管部门责令停止违法行为，限期采取治理措施消除污染，依照《中华人民共和国水污染防治法》、《中华人民共和国固体废物污染环境防治法》的有关规定予以处罚：

（一）将畜禽养殖废弃物用作肥料，超出土地消纳能力，造成环境污染的；

（二）从事畜禽养殖活动或者畜禽养殖废弃物处理活动，未采取有效措施，导致畜禽养殖废弃物渗出、泄漏的。

第四十一条　排放畜禽养殖废弃物不符合国家或者地方规定的污染物排放标准或者总量控制指标，或者未经无害化处理直接向环境排放畜禽养殖废弃物的，由县级以上地方人民政府环境保护主管部门责令限期治理，可以处5万元以下的罚款。县级以上地方人民政府环境保护主管部门作出限期治理决定后，应当会同同级人民政府农牧等有关部门对整改措施的落实情况及时进行核查，并向社会公布核查结果。

第四十二条　未按照规定对染疫畜禽和病害畜禽养殖废弃物进行无害化处理的，由动物卫生监督机构责令无害化处理，所需处理费用由违法行为人承担，可以处3 000元以下的罚款。

第六章　附　　则

第四十三条　畜禽养殖场、养殖小区的具体规模标准由省级人民政府确定，并报国务院环境保护主管部门和国务院农牧主管部门备案。

第四十四条　本条例自2014年1月1日起施行。

畜禽养殖业污染物排放标准

（GB 18596—2001）

前　言

为贯彻《环境保护法》、《水污染防治法》、《大气污染防治法》，控制畜禽养殖业产生的废水、废渣和恶臭对环境的污染，促进养殖业生产工艺和技术进步，维护生态平衡，制定本标准。

本标准适用于集约化、规模化的畜禽养殖场和养殖区，不适用于畜禽散养户。根据养殖规模，分阶段逐步控制，鼓励种养结合和生态养殖，逐步实现全国养殖业的合理布局。

根据畜禽养殖业污染物排放的特点，本标准规定的污染物控制项目包括生化指标、卫生学指标和感官指标等。为推动畜禽养殖业污染物的减量化、无害化和资源化，促进畜禽养殖业干清粪工艺的发展，减少水资源浪费，本标准规定了废渣无害化环境标准。

本标准为首次制定。

本标准由国家环境保护总局科技标准司提出。

本标准由农业部环保所负责起草。

本标准由国家环境保护总局负责解释。

畜禽养殖业污染物排放标准

1. 主题内容与适用范围

1.1　主题内容

本标准按集约化畜禽养殖业的不同规模分别规定了水污染物、恶臭气体的最高允许日

天津市规模化畜禽养殖场粪污治理工程案例

160

均排放浓度、最高允许排水量，畜禽养殖业废渣无害化环境标准。

1.2 适用范围

本标准适用于全国集约化畜禽养殖场和养殖区污染物的排放管理，以及这些建设项目环境影响评价、环境保护设施设计、竣工验收及其投产后的排放管理。

1.2.1 本标准适用的畜禽养殖场和养殖区的规模分级，按表1和表2执行。

表1 集约化畜禽养殖场适用规模（以存栏数计）

类别 规模分级	猪（头） （25kg以上）	鸡（只）		牛（头）	
		蛋鸡	肉鸡	成年奶牛	肉牛
Ⅰ级	≥3 000	≥100 000	≥200 000	≥200	≥400
Ⅱ级	500≤Q<3 000	15 000≤Q<100 000	30 000≤Q<200 000	100≤Q<200	200≤Q<400

注：Q表示养殖量。

表2 集约化畜禽养殖区的适用规模（以存栏数计）

类别 规模分级	猪（头） （25kg以上）	鸡（只）		牛（头）	
		蛋鸡	肉鸡	成年奶牛	肉牛
Ⅰ级	≥6 000	≥200 000	≥400 000	≥400	≥800
Ⅱ级	3 000≤Q<6 000	100 000≤Q<200 000	200 000≤Q<400 000	200≤Q<400	400≤Q<800

注：Q表示养殖量。

1.2.2 对具有不同畜禽种类的养殖场和养殖区，其规模可将鸡、牛的养殖量换算成猪的养殖量，换算比例为：30只蛋鸡折算成1头猪，60只肉鸡折算成1头猪，1头奶牛折算成10头猪，1头肉牛折算成5头猪。

1.2.3 所有Ⅰ级规模范围内的集约化畜禽养殖场和养殖区，以及Ⅱ级规模范围内且地处国家环境保护重点城市、重点流域和污染严重河网地区的集约化畜禽养殖场和养殖区，自本标准实施之日起开始执行。

1.2.4 其他地区Ⅱ级规模范围内的集约化养殖场和养殖区，实施标准的具体时间可由县级以上人民政府环境保护行政主管部门确定，但不得迟于2004年7月1日。

1.2.5 对集约化养羊场和养羊区，将羊的养殖量换算成猪的养殖量，换算比例为：3只羊换算成1头猪，根据换算后的养殖量确定养羊场或养羊区的规模级别，并参照本标准的规定执行。

2. 定义

2.1 集约化畜禽养殖场

指进行集约化经营的畜禽养殖场。集约化养殖是指在较小的场地内，投入较多的生产资料和劳动，采用新的工艺与技术措施，进行精心管理的饲养方式。

2.2 集约化畜禽养殖区

指距居民区一定距离，经过行政区划确定的多个畜禽养殖个体生产集中的区域。

2.3 废渣

指养殖场外排的畜禽粪便、畜禽舍垫料、废饲料及散落的毛羽等固体废物。

2.4 恶臭污染物

指一切刺激嗅觉器官，引起人们不愉快及损害生活环境的气体物质。

2.5 臭气浓度

指恶臭气体（包括异味）用无臭空气进行稀释，稀释到刚好无臭时所需的稀释倍数。

2.6 最高允许排水量

指在畜禽养殖过程中直接用于生产的水的最高允许排放量。

3. 技术内容

本标准按水污染物、废渣和恶臭气体的排放分为以下三部分。

3.1 畜禽养殖业水污染物排放标准

3.1.1 畜禽养殖业废水不得排入敏感水域和有特殊功能的水域。排放去向应符合国家和地方的有关规定。

3.1.2 标准适用规模范围内的畜禽养殖业的水污染物排放分别执行表3、表4和表5的规定。

表3 集约化畜禽养殖业水冲工艺最高允许排水量

种类	猪 （m³/百头·天）		鸡 （m³/千只·天）		牛 （m³/千只·天）	
季节	冬季	夏季	冬季	夏季	冬季	夏季
标准值	2.5	3.5	0.8	1.2	20	30

注：废水最高允许排放量的单位中，百头、千只均指存栏数。

春、秋季废水最高允许排放量按冬、夏两季的平均值计算。

表4 集约化畜禽养殖业干清粪工艺最高允许排水量

种类	猪 （m³/百头·天）		鸡 （m³/千只·天）		牛 （m³/百头·天）	
季节	冬季	夏季	冬季	夏季	冬季	夏季
标准值	1.2	1.8	0.5	0.7	17	20

注：废水最高允许排放量的单位中，百头、千只均指存栏数。

春、秋季废水最高允许排放量按冬、夏两季的平均值计算。

表5 集约化畜禽养殖业水污染物最高允许日均排放浓度

控制项目	五日生化需氧量 （mg/L）	化学需氧量 （mg/L）	悬浮物 （mg/L）	氨氮 （mg/L）	总磷（以P计） （mg/L）	粪大肠菌群数 （个/L）	蛔虫卵 （个/L）
标准值	150	400	200	80	8.0	10 000	2.0

3.2 畜禽养殖业废渣无害化环境标准

3.2.1 畜禽养殖业必须设置废渣的固定储存设施和场所，储存场所要有防止粪液渗漏、溢流措施。

3.2.2 用于直接还田的畜禽粪便，必须进行无害化处理。

3.2.3 禁止直接将废渣倾倒入地表水体或其他环境中。畜禽粪便还田时，不能超过当地的最大农田负荷量，避免造成面源污染和地下水污染。

3.2.4 经无害化处理后的废渣，应符合表6的规定。

表6 畜禽养殖业废渣无害化环境标准

控制项目	指　　标
蛔虫卵	死亡率≥95%
粪大肠菌群数	≤10^5个/kg

3.3 畜禽养殖业恶臭污染物排放标准

3.3.1 集约化畜禽养殖业恶臭污染物的排放执行表7的规定。

表7 集约化畜禽养殖业恶臭污染物排放标准

控制项目	标准值
臭气浓度（无量纲）	70

3.4 畜禽养殖业应积极通过废水和粪便的还田或其他措施对所排放的污染物进行综合利用，实现污染物的资源化。

4. 监测

污染物项目监测的采样点和采样频率应符合国家环境监测技术规范的要求。污染物项目的监测方法按表8执行。

表8 畜禽养殖业污染物排放配套监测方法

序号	项目	测定方法	方法来源
1	生化需氧（BOD_5）	稀释与接种法	GB7488—87
2	化学需氧（COD_{cr}）	重铬酸钾法	GB11914—89
3	悬浮物（SS）	重量法	GB11901—89
4	氨氮（NH_3-N）	纳氏试剂比色法 水杨酸分光光度法	GB7479—87 GB7481—87
5	总P（以P计）	钼蓝比色法	1)
6	粪大肠菌群数	多管发酵法	GB5750—85
7	蛔虫卵	吐温—80柠檬酸缓冲液 离心沉淀集卵法	2)
8	蛔虫卵死亡率	堆肥蛔虫卵检查法	GB7959—87
9	寄生虫卵沉降率	粪稀蛔虫卵检查法	GB7959—87
10	臭气浓度	三点式比较臭袋法	GB/T 14675—93

注：分析方法中，未列出国标的暂时采用下列方法，待国家标准方法颁布后执行国家标准。

1）水和废水监测分析方法（第三版），中国环境科学出版社，1989。

2）卫生防疫检验，上海科学技术出版社，1964。

5. 标准的实施

5.1　本标准由县级以上人民政府环境保护行政主管部门实施统一监督管理。

5.2　省、自治区、直辖市人民政府可根据地方环境和经济发展的需要，确定严于本标准的集约化畜禽养殖业适用规模，或制定更为严格的地方畜禽养殖业污染物排放标准，并报国务院环境保护行政主管部门备案

畜禽养殖业污染防治技术政策

（环发〔2010〕151号）

一、总则

（一）为防治畜禽养殖业的环境污染，保护生态环境，促进畜禽养殖污染防治技术进步，根据《中华人民共和国环境保护法》、《中华人民共和国水污染防治法》、《中华人民共和国固体废物污染防治法》、《中华人民共和国大气污染防治法》、《中华人民共和国畜牧法》等相关法律，制定本技术政策。

（二）本技术政策适用于中华人民共和国境内畜禽养殖业防治环境污染，可作为编制畜禽养殖污染防治规划、环境影响评价报告和最佳可行技术指南、工程技术规范及相关标准等的依据，指导畜禽养殖污染防治技术的开发、推广和应用。

（三）畜禽养殖污染防治应遵循发展循环经济、低碳经济、生态农业与资源化综合利用的总体发展战略，促进畜禽养殖业向集约化、规模化发展，重视畜禽养殖的温室气体减排，逐步提高畜禽养殖污染防治技术水平，因地制宜地开展综合整治。

（四）畜禽养殖污染防治应贯彻"预防为主、防治结合，经济性和实用性相结合，管理措施和技术措施相结合，有效利用和全面处理相结合"的技术方针，实行"源头削减、清洁生产、资源化综合利用，防止二次污染"的技术路线。

（五）畜禽养殖污染防治应遵循以下技术原则：

1. 全面规划、合理布局，贯彻执行当地人民政府颁布的畜禽养殖区划，严格遵守"禁养区"和"限养区"的规定，已有的畜禽养殖场（小区）应限期搬迁；结合当地城乡总体规划、环境保护规划和畜牧业发展规划，做好畜禽养殖污染防治规划，优化规模化畜禽养殖场（小区）及其污染防治设施的布局，避开饮用水水源地等环境敏感区域。

2. 发展清洁养殖，重视圈舍结构、粪污清理、饲料配比等环节的环境保护要求；注重在养殖过程中降低资源耗损和污染负荷，实现源头减排；提高末端治理效率，实现稳定达标排放和"近零排放"。

3. 鼓励畜禽养殖规模化和粪污利用大型化和专业化，发展适合不同养殖规模和养殖形式的畜禽养殖废弃物无害化处理模式和资源化综合利用模式，污染防治措施应优先考虑资源化综合利用。

4. 种、养结合，发展生态农业，充分考虑农田土壤消纳能力和区域环境容量要求，确保畜禽养殖废弃物有效还田利用，防止二次污染。

5. 严格环境监管，强化畜禽养殖项目建设的环境影响评价、"三同时"、环保验收、日常执法监督和例行监测等环境管理环节，完善设施建设与运行管理体系；强化农田土壤的环境安全，防止以"农田利用"为名变相排放污染物。

二、清洁养殖与废弃物收集

（一）畜禽养殖应严格执行有关国家标准，切实控制饲料组分中重金属、抗生素、生长激素等物质的添加量，保障畜禽养殖废弃物资源化综合利用的环境安全。

（二）规模化畜禽养殖场排放的粪污应实行固液分离，粪便应与废水分开处理和处置；应逐步推行干清粪方式，最大限度地减少废水的产生和排放，降低废水的污染负荷。

（三）畜禽养殖宜推广可吸附粪污、利于干式清理和综合利用的畜禽养殖废弃物收集技术，因地制宜地利用农业废弃物（如麦壳、稻壳、谷糠、秸秆、锯末、灰土等）作为圈、舍垫料，或采用符合动物防疫要求的生物发酵床垫料。

（四）不适合敷设垫料的畜禽养殖圈、舍，宜采用漏缝地板和粪、尿分离排放的圈舍结构，以利于畜禽粪污的固液分离与干式清除。尚无法实现干清粪的畜禽养殖圈、舍，宜采用旋转筛网对粪污进行预处理。

（五）畜禽粪便、垫料等畜禽养殖废弃物应定期清运，外运畜禽养殖废弃物的贮存、运输器具应采取可靠的密闭、防泄漏等卫生、环保措施；临时储存畜禽养殖废弃物，应设置专用堆场，周边应设置围挡，具有可靠的防渗、防漏、防冲刷、防流失等功能。

三、废弃物无害化处理与综合利用

（一）应根据养殖种类、养殖规模、粪污收集方式、当地的自然地理环境条件以及废水排放去向等因素，确定畜禽养殖废弃物无害化处理与资源化综合利用模式，并择优选用低成本的处理处置技术。

（二）鼓励发展专业化集中式畜禽养殖废弃物无害化处理模式，实现畜禽养殖废弃物的社会化集中处理与规模化利用。鼓励畜禽养殖废弃物的能源化利用和肥料化利用。

（三）大型规模化畜禽养殖场和集中式畜禽养殖废弃物处理处置工厂宜采用"厌氧发酵—（发酵后固体物）好氧堆肥工艺"和"高温好氧堆肥工艺"回收沼气能源或生产高肥效、高附加值复合有机肥。

（四）厌氧发酵产生的沼气应进行收集，并根据利用途径进行脱水、脱硫、脱碳等净化处理。沼气宜作为燃料直接利用，达到一定规模的可发展瓶装燃气，有条件的应采取发电方式间接利用，并优先满足养殖场内及场区周边区域的用电需要，沼气产生量达到足够规模的，应优先采取热电联供方式进行沼气发电并并入电网。

（五）厌氧发酵产生的底物宜采取压榨、过滤等方式进行固液分离，沼渣和沼液应进一步加工成复合有机肥进行利用。或按照种养结合要求，充分利用规模化畜禽养殖场（小区）周边的农田、山林、草场和果园，就地消纳沼液、沼渣。

（六）中小型规模化畜禽养殖场（小区）宜采用相对集中的方式处理畜禽养殖废弃物。宜采用"高温好氧堆肥工艺"或"生物发酵工艺"生产有机肥，或采用"厌氧发酵工艺"生产沼气，并做到产用平衡。

（七）畜禽尸体应按照有关卫生防疫规定单独进行妥善处置。染疫畜禽及其排泄物、染疫畜禽产品，病死或者死因不明的畜禽尸体等污染物，应就地进行无害化处理。

四、畜禽养殖废水处理

（一）规模化畜禽养殖场（小区）应建立完备的排水设施并保持畅通，其废水收集输送系统不得采取明沟布设；排水系统应实行雨污分流制。

（二）布局集中的规模化畜禽养殖场（小区）和畜禽散养密集区宜采取废水集中处理模式，布局分散的规模化畜禽养殖场（小区）宜单独进行就地处理。鼓励废水回用于场区园林绿化和周边农田灌溉。

（三）应根据畜禽养殖场的清粪方式、废水水质、排放去向、外排水应达到的环境要求等因素，选择适宜的畜禽养殖废水处理工艺；处理后的水质应符合相应的环境标准，回用于农田灌溉的水质应达到农田灌溉水质标准。

（四）规模化畜禽养殖场（小区）产生的废水应进行固液分离预处理，采用脱氮除磷效率高的"厌氧+兼氧"生物处理工艺进行达标处理，并应进行杀菌消毒处理。

五、畜禽养殖空气污染防治

（一）规模化畜禽养殖场（小区）应加强恶臭气体净化处理并覆盖所有恶臭发生源，排放的气体应符合国家或地方恶臭污染物排放标准。

（二）专业化集中式畜禽养殖废弃物无害化处理工厂产生的恶臭气体，宜采用生物吸附和生物过滤等除臭技术进行集中处理。

（三）大型规模化畜禽养殖场应针对畜禽养殖废弃物处理与利用过程的关键环节，采取场所密闭、喷洒除臭剂等措施，减少恶臭气体扩散，降低恶臭气体对场区空气质量和周边居民生活的影响。

（四）中小型规模化畜禽养殖场（小区）宜通过科学选址、合理布局、加强圈舍通风、建设绿化隔离带、及时清理畜禽养殖废弃物等手段，减少恶臭气体的污染。

六、畜禽养殖二次污染防治

（一）应高度重视畜禽养殖废弃物还田利用过程中潜在的二次污染防治，满足当地面源污染控制的环境保护要求。

（二）通过测试农田土壤肥效，根据农田土壤、作物生长所需的养分量和环境容量，科学确定畜禽养殖废弃物的还田利用量，有效利用沼液、沼渣和有机肥，合理施肥，预防面源污染。

（三）加强畜禽养殖废水中含有的重金属、抗生素和生长激素等环境污染物的处理，严格达标排放。

废水处理产生的污泥宜采用有效技术进行无害化处理。

（四）畜禽养殖废弃物作为有机肥进行农田利用时，其重金属含量应符合相关标准；养殖场垫料应妥善处置。

七、鼓励开发应用的新技术

（一）国家鼓励开发、应用以下畜禽养殖废弃物无害化处理与资源化综合利用技术与装备：

1. 高品质、高肥效复合有机肥制造技术和成套装备。

2. 畜禽养殖废弃物的预处理新技术。

3. 快速厌氧发酵工艺和高效生物菌种。

4. 沼气净化、提纯和压缩等燃料化利用技术与设备。

（二）国家鼓励开发、应用以下畜禽养殖废水处理技术与装备：

1. 高效、低成本的畜禽养殖废水脱氮除磷处理技术。

2. 畜禽养殖废水回用处理技术与成套装备。

（三）国家鼓励开发、应用以下清洁养殖技术与装备：

1. 适合干式清粪操作的废弃物清理机械和新型圈舍。

2. 符合生物安全的畜禽养殖技术及微生物菌剂。

八、设施的建设、运行和监督管理

（一）规模化畜禽养殖场（小区）应设置规范化排污口，并建设污染治理设施，有关工程的设计、施工、验收及运营应符合相关工程技术规范的规定。

（二）国家鼓励实行社会化环境污染治理的专业化运营服务。畜禽养殖经营者可将畜禽养殖废弃物委托给具有环境污染治理设施运营资质的单位进行处置。

（三）畜禽养殖场（小区）应建立健全污染治理设施运行管理制度和操作规程，配备专职运行管理人员和检测手段；对操作人员应加强专业技术培训，实行考试合格持证上岗。